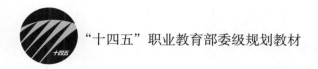 "十四五"职业教育部委级规划教材

服装模板CAD教程

李 帅 虞紫英 孙宇飞 著

中国纺织出版社有限公司

内 容 提 要

本书以富怡模板软件为基础，系统介绍了模板CAD软件知识、软件安装与操作、软件应用，着重介绍模板CAD软件中的工具使用。本书的特点是按照使用工具分类编写，每个工具有详细的步骤和图文说明，以具体的操作细节指导读者学习模板CAD软件，通过实例应用，逐步熟练掌握软件操作技术。

本书不仅适合服装院校师生作为学习的教材，也适合服装、汽车、家纺等企业的技术人员作为提高技术技能的培训用书，还可为广大模板CAD软件技术爱好者提供参考。

图书在版编目（CIP）数据

服装模板 CAD 教程／李帅，虞紫英，孙宇飞著. --
北京：中国纺织出版社有限公司，2023.8
"十四五"职业教育部委级规划教材
ISBN 978-7-5229-0695-9

Ⅰ. ①服…　Ⅱ. ①李…②虞…③孙…　Ⅲ. ①服装设计—计算机辅助设计—AutoCAD 软件—职业教育—教材
Ⅳ. ① TS941.26

中国国家版本馆 CIP 数据核字（2023）第 113692 号

责任编辑：宗　静　郭　沫　　责任校对：王蕙莹
责任印制：王艳丽

中国纺织出版社有限公司出版发行
地址：北京市朝阳区百子湾东里A407号楼　邮政编码：100124
销售电话：010—67004422　传真：010—87155801
http://www.c-textilep.com
中国纺织出版社天猫旗舰店
官方微博 http://weibo.com/2119887771
北京通天印刷有限责任公司印刷　各地新华书店经销
2023年8月第1版第1次印刷
开本：787×1092　1/16　印张：9.75
字数：200千字　定价：59.80元

前言

在服装生产中，企业需要大量的熟练缝制工人，而培养熟练工人需要很长的时间，因此工厂采用各种方法来减少对熟练工人的依赖。模板缝制技术就是其中的一个解决思路，也经历了从手工到全自动的发展过程。

20世纪90年代中期到2010年这段时间，在大批量服装生产中，有些生产企业为了解决一些复杂线迹的缝制，将裁片固定在设计好的缝制夹具中，工人通过用手推动模板进行缝制。这种方法解决了复杂线迹的缝制，但针迹的质量还是要靠工人来保证。这段时期的模板CAD仅仅是设计夹具，而输出切割模板的数据由切割机完成。

从2010年开始，一些缝纫设备厂商开始研发全自动模板缝纫机。全自动模板缝纫机结合了服装模板CAD软件以及先进的数控技术，用自动化程度更高的计算机控制的机器代替原有的人工操作的模板和缝纫机，将整个缝制过程完全自动化。作为自动缝制链上关键一环的模板CAD，也由初期简单的夹具设计功能发展成集夹具设计到线迹缝制工艺设计、针迹数据生成为一体的CAD系统。

随着自动模板缝纫机、模板CAD技术的发展，自动缝制技术在服装、家具、汽车内饰等企业得到广泛应用。这些技术有效地提升了生产效率和产品品质，降低了对技术工人的技术要求，减少对高技能人员的依赖程度。对以前难以完成的复杂线迹变得十分容易和简单，同时缝制的一致性问题也得到了完美解决。在保证品质的同时，解决了产业工人用工短缺与技能缺陷等问题。

作为自动缝制技术上最具代表性的厂商，富怡包括了整个自动缝制系统中所需的所有软件、控制和设备。本书著者在软件培训和模板制作方面具有丰富的经验，以富怡模板CAD为基础，介绍了模板CAD的使用和操作，方便大家学习掌握自动缝制的技术和方法。

本书由上工富怡智能制造（天津）有限公司总工程师李帅、嘉兴学院平湖师范学院服装系主任虞紫英副教授、深圳市再登软件有限公司软件工程师孙宇飞著。本书内容共三个章节，其中第一章第一节、第二节分别由虞紫英、孙宇飞编写，第二章由李帅编写，第三章第一节由虞紫英编写，第二节、第三节分别由李帅、孙宇飞编写。由于作者水平有限，请读者批评指正。

李帅

2022年10月

目录

第一章 模板CAD软件概述

缝制模板是缝制工艺与机械工程以及CAD数字化原理相结合的一种新型应用技术。这种技术来源于模具学中的工装夹具和治具设计原理，利用自动化设备在有机胶板上按照工艺缝合的需求设定尺寸开槽，在缝制设备上安装或改装相对应的模板压轮及对应的针板、压脚针板、齿牙、轨道等工具，就可以实现按照模具开槽轨迹进行车缝。

而模板软件则是缝制模板工艺技术的灵魂，设计师通过它来实现自己的想法，自动化设备则按模板软件给予的命令，来进行产品的缝制，从模板工艺、模板软件教程以及模板机的操作与保养三者之间关系来说，是以软件操作为基础，通过软件设置工艺所需求数值，通过缝纫机实际操作完成工艺制作，产品生产就是从软件到工艺要求再到缝纫机实际操作的递进过程。

第一节 模板软件的起源

近年来，随着劳动力成本的不断上涨，缝制模板技术在工业应用方面越来越凸显其重要性。缝制模板的应用彻底颠覆了传统的服装生产加工方式，真正向实现效益最大化、产品品质标准化、人工成本最小化的目标迈进一大步。缝制模板的应用，将复杂的工序简单化、标准化，大大提高了生产效率，降低次品率，减小企业对专业缝纫技能人员的依赖性，解决企业招工难的问题，大大降低人力资源成本，并提高品质和生产时间上的稳定性。

缝制模板技术起源于德国，最初的模板材料为钢材，工艺部件有较大的局限性，后由日本人将模板材料改良，并对工艺进行了拓展。

20世纪50年代，各国为了发展经济，对各行各业都进行了深入研究，对于劳动密集型的服装产业来说，一直是被研究的对象。从普通缝纫机到高速缝纫机，其实就是一个由慢到快的过程，这个过程对工人的技能要求逐步提高，随着人工成本越来越高，替代人工的自动化缝纫机便应运而生，缝制模板技术作为全自动缝纫生产中的一部分，也随之诞生。

在20世纪60年代初，德国开始在衬衫领和西装袋盖上试用模具来实现生产，当时采用钢材作为材料，导致模板笨拙，工艺相对简单，然而在此条件下，依然给服装工业化批量生产带来了效益。到了80年代初，日本把材料换成了有机玻璃，并对服装模板技术进行改良扩展使用工序。

随着中国的改革开放，服装模板技术随着中外合资企业进入中国服装企业，由于当时中国人力资源占优势，且模板技术尚未完善，模板技术的推广及应用受到局限。到20世纪末，随着数字化信息技术的不断深入，一些新型技术、新型材料、自动化科技设备开始出现在各行各业中。进入21世纪以后，服装行业的人力资源成本与原材料成本不断上扬，加剧了服装企业对自动化、数字化、智能化生产技术的改造需求。服装CAD/CAM技术解决了服装制作生产前的智能自动化，同时引发了服装模板技术从业者对服装车缝自动化生产的技术研发。

2005年初，服装行业出现了技能工人严重短缺的现象，造成服装制作成本逐年递增，利润空间不断收缩，部分服装企业甚至出现亏损。但是服装模板技术的应用使得产品的品质一致化、标准化并提升了产量、降低了成本，同时降低了对工人操作技能的要求，这些特点得到服装企业前所未有的关注和好评。随着服装企业关注度的提高，加快服装模板设计与制作的研发工作得到进一步推动。2008年，在全球金融风暴的影响下，服装行业遭受重创，订单减少，劳工成本逐年递增，传统的生产方式与管理经营模式很难再产生利润，服装行业开始寻找新的生产方式与有效的管理方法。

在此背景下，富怡集团解决了服装模板设计与工艺制作领域的难题，从局部模板扩展到大面积模板缝制的应用领域，推出了全自动模板缝纫机及全球首创的模板软件，为服装行业生产数据化、自动化、智能化奠定了基础。

第二节　模板软件的功能和界面介绍

富怡模板软件是专为解决缝制模板工艺而设计研发的一款专业型软件，模板软件不仅应用于服装行业，同时还可应用于箱包、汽车、家具、家纺、鞋帽等缝制，是企业智能化生产的灵魂工具。

富怡模板CAD软件可以帮助设计师实现其设计理念，还能输出自动缝制文件，用于自动模板缝纫机的缝制，同时能输出激光模板文件，供激光切割机切割模板材料使用。

一、功能概述

（1）富怡模板软件在制作模板时，具有专业、快速、省时、高效的特点，可以导入软件输出的DXF/PLT格式的纸样文件，并用这些文件快速生成工艺模板文件。

（2）根据已有的纸样文件，设置开槽宽度、偏移值等数据，自动生成需要的工艺模板。

（3）生成的模板自动匹配所有尺寸规格的样片。

（4）设计、放码合并在一个模块，可实现联动修改。

（5）安全性能好，具有安全恢复与文件加密功能。即使突然关机，也能将突然关闭的文档恢复。通过文件加密，其他计算机无法打开该文件，保护公司机密。

（6）可以在纸样的净样线、辅助线上开槽，输入开槽宽度、起始终点缝份属性，设计好回针数及针迹步长，快速生成模板文件。

（7）自动生成的模板，可以通过激光切割机刻槽，刻好槽的模板放到全自动模板缝纫机上进行缝制。

（8）软件里能自动生成对位点（也可以手动更改），能用于检查自动缝纫机上的针是否对准模板的对位点。对于分步缝制模板，系统里可以快速生成停止位，以便用来进行下一步操作。

（9）针对多条缝制线迹的模板，可随心所欲排列缝制顺序，能设计各种各样的主题针，满足不同的工艺需求。

（10）根据不同的工艺需求设计激光切、刀切（如开袋）及笔画（如做点位）的功能。

二、软件界面介绍

软件的工作界面就好比是用户的工作室，熟悉了界面也就熟悉了工作环境。如图1-1所示为软件界面图，通过熟悉软件界面各工具栏，可快速找到对应工具，提高工作效率。

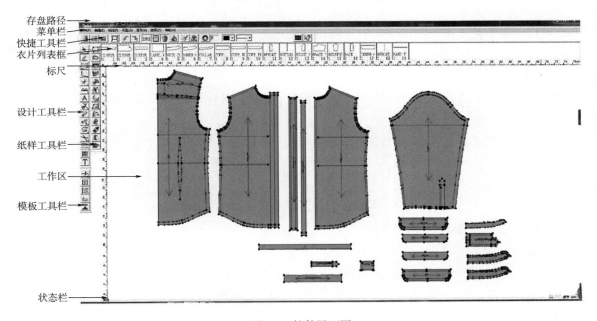

图1-1 软件界面图

1. 标题栏

标题栏显示软件名称及当前打开文件的存盘路径。

2. 菜单栏

菜单栏是放置菜单命令的地方，每个菜单的下拉菜单中又有各种命令。单击菜单时，会弹出一个下拉菜单，可用鼠标单击来选择一个命令，也可以按住【Alt】键敲菜单后的对应字幕，菜单即可选中，再用方向键选中需要的命令。

3. 快捷工具栏

快捷工具栏用于放置常用命令的快捷图标，为快速完成模板提供了极大的方便。

4. 衣片列表框

衣片列表框用于放置当前款式中的纸样。每一个纸样放置在一个小格的纸样框中，纸样框布局可通过菜单【选项】→【系统设置】→【界面设置】→【纸样列表框布局】改变其位置。衣片列表框中放置了本款式的全部纸样，纸样名称、份数和次序号都显示在这里，拖动纸样可以对顺序进行调整，不同的布料显示不同的背景色。在衣片列表框中单击右键，可对纸样进行排序，布料的排序是按照款式资料对话框中布料的顺序排列的。

5. 标尺

标尺显示当前使用的度量的单位。

6. 设计工具栏

设计工具栏有绘制及修改结构线的工具。

7. 模板工具栏

用模板工具栏工具将其进行细部加工，如开槽、排列缝制顺序、加剪口、加钻孔、加缝份等。

8. 工作区

工作区如一张无限大的纸张，设计师可在此尽情发挥设计才能。工作区中既可以设计结构线，也可以对纸样放码，做模板工艺，还可以在绘图时显示纸张边界。

9. 状态栏

状态栏位于系统的最底部，显示当前选中的工具名称及操作提示。

10. 窗口按钮

在窗口按钮图标上可随时把软件窗口最小化、最大化或者关闭。

第二章 模板CAD软件操作介绍

第一节 软件安装

一、安装软件推荐计算机配置

1. 推荐配置

（1）处理器：Intel Core i5 及以上显卡同级别。

（2）内存：16GB。

（3）硬盘：500GB以上。

（4）显卡：根据具体显示器分辨率选配，高分辨率的显示器推荐独立显卡。

（5）计算机系统：推荐Windows7/8/10（64位）。

2. 最低配置

（1）处理器：Intel Core i3显卡同级别。

（2）内存：4GB以上。

（3）硬盘：500GB以上。

（4）显卡：根据具体显示器分辨率选配，高分辨率的显示器推荐独立显卡。

（5）计算机系统：XP系统，推荐Windows（64位）。

二、软件安装步骤

从富怡网站下载软件安装包。打开浏览器，搜索"富怡官网"（图2-1）。选择"天津市盈瑞恒软件有限公司"点击可下载免费版本（图2-2）。也可搜索付费版本（图2-3），付费版本需要结合加密锁使用。

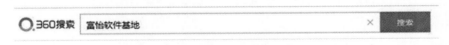

(a)

富怡集团软件基地--深圳市盈瑞恒科技有限公司

⬇下载地址 软件大小:48M - 软件的授权方式:免费 - 软件语言:中文

简介：服装CADV8下载版

www.richforever.cn - 快照

(b)

图2-1 软件下载位置

图2-2 免费软件下载

图2-3 付费软件下载

（1）软件下载时，需要找到对应下载位置，选中下载好的软件安装包，鼠标右键点击【解压到文件夹】；点击文件夹打开，点击Setup.exe安装，单击【Yes】，如图2-4所示。

（2）选择需要的版本。若选择"单机版"（如果是网络版用户，请选择网络版），如图2-5所示。

（3）单击【Next】按钮，弹出选择安装位置对话框，单击【Next】按钮（也可以单击【浏览】按钮重新定义安装路径），如图2-6所示。

（4）单击【Next】按钮，按步安装，最后单击【Finish】按钮，完成安装，如图2-7所示。在计算机插上加密锁软件即可运行程序。

（5）如果打不开软件需要手动安装加密锁驱动，从"我的电脑"中打开软件的安装盘，如C盘→ C：\Program Files\富怡模板软件（企业版）→ 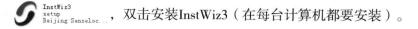 Drivers → SenseLock →

双击安装InstWiz3（在每台计算机都要安装）。

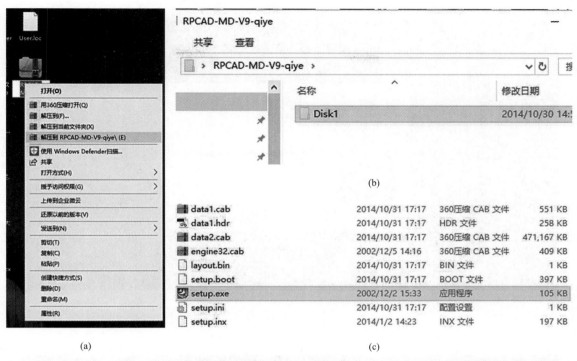

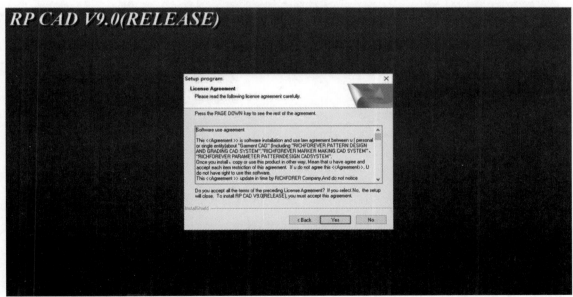

图2-4 软件安装

（6）如果您装的是网络版，还需安装 Drivers → HASP_HL → HASPUserSetup（在每台计算机都要安装）。

（7）如果您装的是院校版，只需装 Drivers → HASP_HL → HASPUserSetup。

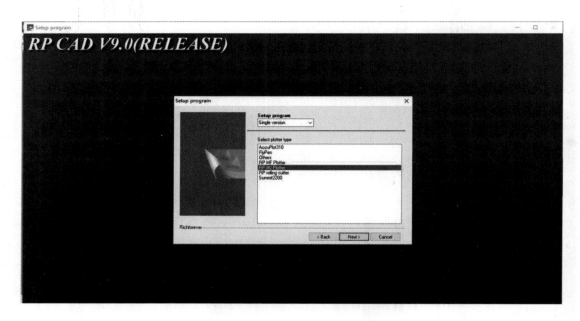

图2-5 版本选择

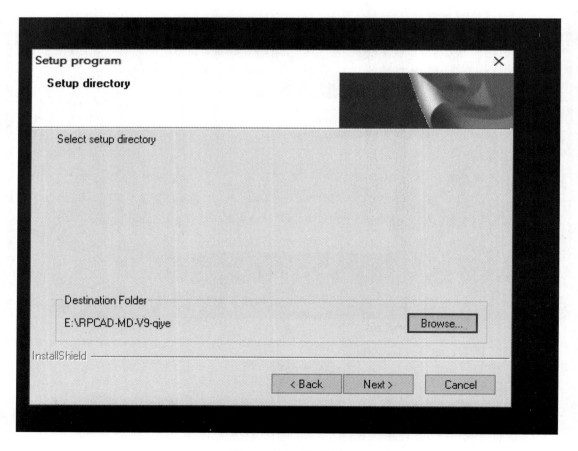

图2-6 软件安装位置

(a)

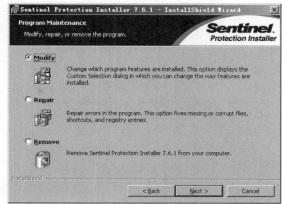

(b)

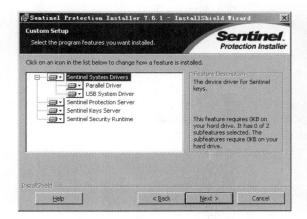

(c)

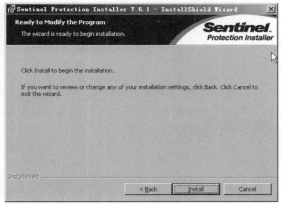

(d)

(e)

图2-7 软件安装过程

三、连接绘图仪和数字化仪

1. 绘图仪的安装步骤

（1）关闭计算机和绘图仪电源。

（2）用串口线/并口线/USB线把绘图仪与计算机主机连接。

（3）打开计算机。

（4）根据绘图仪的使用手册，进行开机和设置操作。

2. 注意事项

（1）禁止在计算机或绘图仪开机状态下，插拔串口线/并口线/USB线。

（2）接通电源开关之前，确保绘图仪处于关机状态。

（3）连接电源的插座应良好接触。

3. 数字化仪安装步骤

（1）关闭计算机和数字化仪电源。

（2）把数字化仪的串口线与计算机连接。

（3）打开计算机。

（4）根据数字化仪使用手册，进行开机及相关的设置操作。

4. 注意事项

（1）禁止在计算机或数字化仪开机状态下，插拔串口线。

（2）接通电源开关之前，确保数字化仪处于关机状态。

（3）连接电源的插座应良好接触。

第二节　快捷键、鼠标滑轮及软件专业术语

一、快捷键和鼠标滑轮

1. 快捷键

在软件操作过程中熟练掌握快捷键，可达到事半功倍的效果，以下是软件工具与对应快捷键表（表2-1）。

2. 鼠标滑轮

（1）鼠标滑轮：在选中任何工具的情况下，向前滚动鼠标滑轮，工作区的纸样或结构线向下移动；向后滚动鼠标滑轮，工作区的纸样或结构线向上移动；单击鼠标滑轮为全屏显示。

（2）按下Shift键：向前滚动鼠标滑轮，工作区的纸样或结构线向右移动；向后滚动鼠标滑轮，工作区的纸样或结构线向左移动。

（3）键盘方向键：按上方向键，工作区的纸样或结构线向下移动；按下方向键，工作区的纸样或结构线向上移动；按左方向键，工作区的纸样或结构线向右移动；按右方向键，工作区的纸样或结构线向左移动。

（4）小键盘+/-：小键盘【+】键，每按一次此键，工作区的纸样或结构线放大显示一

表2-1　软件工具与对应快捷键表

快捷键	作用	快捷键	作用
A	调整工具	F12	工作区所有纸样放回纸样窗
B	相交等距线	Ctrl+F7	显示/隐藏缝份量
C	圆规	Ctrl+F10	一页里打印时显示页边框
D	等份规	Ctrl+F11	1∶1显示
E	橡皮擦	Ctrl+F12	纸样窗所有纸样放入工作区
F	智能笔	Ctrl+N	新建
G	移动	Ctrl+O	打开
J	对接	Ctrl+S	保存
K	对称	Ctrl+A	另存为
L	角度线	Ctrl+C	复制纸样
M	对称调整	Ctrl+V	粘贴纸样
N	合并调整	Ctrl+D	删除纸样
P	点	Ctrl+G	清除纸样放码量
Q	等距线	Ctrl+E	号型编辑
R	比较长度	Ctrl+F	显示/隐藏放码点
S	矩形	Ctrl+K	显示/隐藏非放码点
T	靠边	Ctrl+J	颜色填充/不填充纸样
V	连角	Ctrl+H	调整时显示/隐藏弦高线
W	剪刀	Ctrl+R	重新生成布纹线
Z	各码对齐	Ctrl+B	旋转
F2	切换影子与纸样边线	Ctrl+U	显示临时辅助线与掩藏的辅助线
F3	显示/隐藏两放码点间的长度	Shift+C	剪断线
F4	显示所有号型/仅显示基码	Shift+U	掩藏临时辅助线、部分辅助线
F5	切换缝份线与纸样边线	Shift+S	线调整╀*
F7	显示/隐藏缝份线	Ctrl+Shift+Alt+G	删除全部基准线
F9	匹配整段线/分段线	ESC	取消当前操作
F10	显示/隐藏绘图纸张宽度	Shift	画线时，按住Shift键在曲线与折线间转换/转换结构线上的直线点与曲线点
F11	匹配一个码/所有码	回车键	文字编辑的换行操作/更改当前选中的点的属性/弹出光标所在关键点移动对话框

续表

快捷键	作用	快捷键	作用
X	与各码对齐结合使用，放码量在X方向上对齐	U	按下U键的同时，单击工作区的纸样可放回到纸样列表框中
Y	与各码对齐结合使用，放码量在Y方向上对齐		

注 按Shift+U，当光标变成 ⇲◆ 后，单击或框选需要隐藏的辅助线即可隐藏。

F11：用布纹线移动或延长布纹线时，匹配一个码/匹配所有码；用T移动T文字时，匹配一个码/所有码；用橡皮擦删除辅助线时，匹配一个码/所有码。

***：当软件界面的右下角 ▣ [数字] [cm] 有一个点时，匹配当前选中的码，右下角 ⠿ [数字] [cm] 有三个点显示时，匹配所有码。

Z键各码对齐操作：用 ⟦⟧ 选择纸样控制点工具，选择一个点或一条线；按Z键，放码线就会按控制点或线对齐，连续按Z键放码量会以该点在XY方向对齐、Y方向对齐、X方向对齐、恢复间循环。

定的比例；小键盘【－】键，每按一次此键，工作区的纸样或结构线缩小显示一定的比例。

（5）空格键：在选中任何工具情况下，把光标放在纸样上，按一下空格键，即可变成移动纸样光标；用选择纸样控制点工具 ⟦⟧，框选多个纸样，按一下空格键，选中纸样可一起移动；在使用任何工具情况下，按下空格键（不弹起）光标转换成放大工具，此时向前滚动鼠标滑轮，工作区内容就以光标所在位置为中心放大显示，向后滚动鼠标滑轮，工作区内容就以光标所在位置为中心缩小显示。击右键为全屏显示。

（6）对话框不弹出的数据输入方法。

①输一组数据：敲数字，按回车。例如，用智能笔画30cm的水平线，左键单击起点，切换在水平方向输入数据30，按回车即可。

②输两组数据：敲第一组数字→回车→敲第二组数字→回车。例如，用矩形工具画20cm×60cm的矩形，用矩形工具定起点后，输20→敲回车→输60→敲回车即可。

（7）表格对话框右击菜单：在表格对话框中的表格上击右键可弹出菜单，选择菜单中的数据可提高输入效率。例如，在表格输入1寸8分之3，操作方法：在表格中先输入"1."，再单击右键选择"3/8"即可。

二、专业术语解释

（1）单击左键：是指按下鼠标的左键且在还没有移动鼠标的情况下放开左键。

（2）单击右键：是指按下鼠标的右键且在还没有移动鼠标的情况下放开右键；还表示某一命令的操作结束。

（3）双击右键：是指在同一位置快速按下鼠标右键两次。

（4）左键拖拉：是指把鼠标移到点、线图元上后，按下鼠标的左键并且保持按下状态移动鼠标。

（5）右键拖拉：是指把鼠标移到点、线图元上后，按下鼠标的右键并且保持按下状态移动鼠标。

（6）左键框选：是指在没有把鼠标移到点、线图元上前，按下鼠标的左键并且保持按下状态移动鼠标。如果距离线比较近，为了避免变成左键拖拉可以通过在按下鼠标左键前先按下Ctrl键。

（7）右键框选：是指在没有把鼠标移到点、线图元上前，按下鼠标的右键并且保持按下状态移动鼠标。如果距离线比较近，为了避免变成右键拖拉可以通过在按下鼠标右键前先按下Ctrl键。

（8）点（按）：表示鼠标指针指向一个想要选择的对象，然后快速按下并释放鼠标左键。

（9）单击：没有特意说用右键时，都是指左键。

（10）框选：没有特意说用右键时，都是指左键。

（11）F1~F12：指键盘上方的12个按键。

（12）Ctrl + Z：指先按住Ctrl键不松开，再按Z键。

（13）Ctrl + F12：指先按住Ctrl键不松开，再按F12键。

（14）Esc：指键盘左上角的Esc键。

（15）Delete：指键盘上的Delete键。

（16）箭头键：指键盘右下方的四个方向键（上、下、左、右）。

第三节 富怡模板软件操作快速入门

一、移动结构线至规则模板中

（1）如图2-8所示，用【智能笔】工具 ，绘制口袋盖结构线。

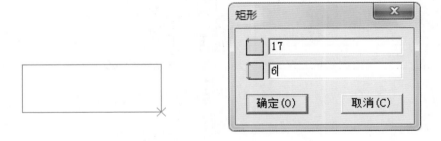

图2-8 口袋盖结构线

（2）如图2-9所示，用【圆角】工具 ，将口袋盖两边直角变为圆角。

（3）如图2-10所示，使用【剪断线】工具 ，连接各条线段。

（4）如图2-11所示，使用【缝制模板】工具 ，创建规则模板（以900×600机型为例）。

（5）如图2-12所示，使用【复制移动】工具 ，将口袋移至模板当中。

（6）如图2-13所示，使用【缝制模板】工具 开槽。

（7）如图2-14所示，使用【橡皮】工具 擦去多余线条。

图2-9　作圆角

图2-10　连接线条

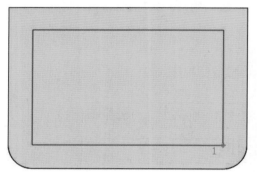
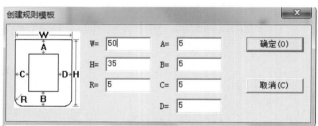

图2-11　创建规则模板

（8）如图2-15所示，使用【智能笔】工具绘制定位线。

（9）如图2-16所示，使用【缝制模板】工具 按Shift键切换工具，作模板定位点。

（10）如图2-17所示，使用【圆角】工具中【CR圆弧】工具 ，作模板定位圆。

（11）如图2-18所示，点击设计线的【颜色类型】工具 ，选择【浅刀】，设置线属性。

（12）如图2-19所示，用"Ctrl+C"键复制，"Ctrl+V"键粘贴复制纸样。

（13）如图2-20所示，用【智能笔】工具绘制切割线。

（14）如图2-21所示，用【橡皮】工具擦去原有的定位点，重新开孔（开孔步骤同上，上片孔比下片大）。

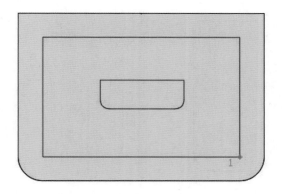

图2-12 移动纸样到模板

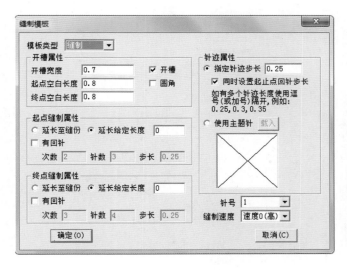

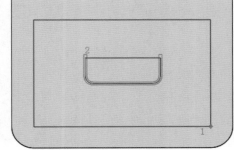

图2-13 开槽

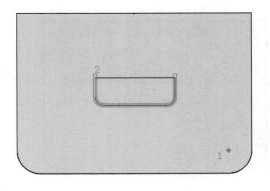

图2-14 擦除多余线条

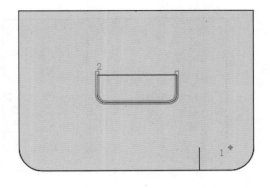

图2-15 作定位线

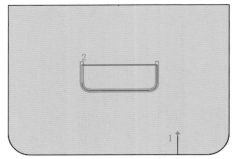

图2-16　作模板定位点

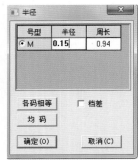

图2-17　作模板定位圆

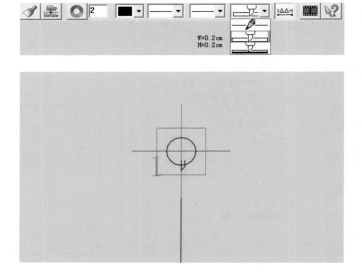

图2-18　设置线属性

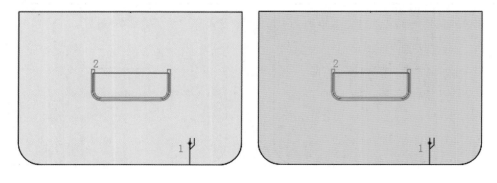

图2-19　复制粘贴纸样

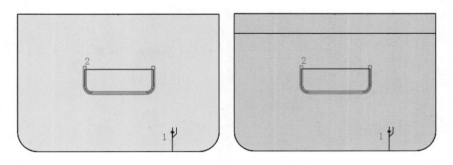

图2-20　绘制切割线

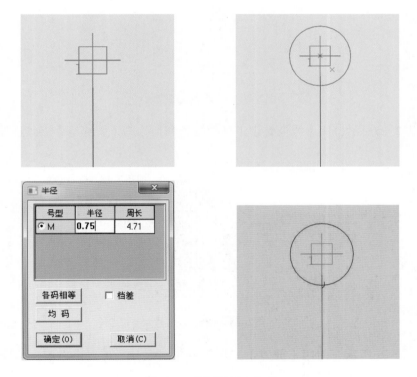

图2-21　重新设置定位点

二、纸样上开槽后生成缝制模板

（1）口袋做法与移动结构线到模板画口袋方法相同，如图2-22所示，绘制口袋结构线。

图2-22　口袋结构线

（2）如图2-23所示，使用【智能笔】工具往外拉1cm缝线。

图2-23　平行缝份线

（3）如图2-24所示，用【智能笔】工具选中两条线，右击【确定】。

图2-24　智能笔连接线条

（4）如图2-25所示，用【线调整】工具把线条调长；用【智能笔】工具连接角。

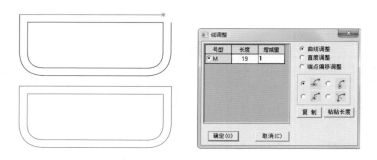

图2-25　调整线长度

（5）如图2-26所示，使用【剪刀】工具 ，生成衣片，先点击右键，后用左键点击内部结构线，按空格键，拾取衣片。

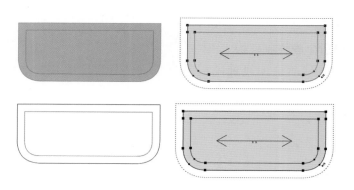

图2-26　生成纸样

（6）如图2-27所示，使用【缝制模板】工具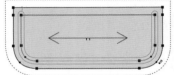开槽。

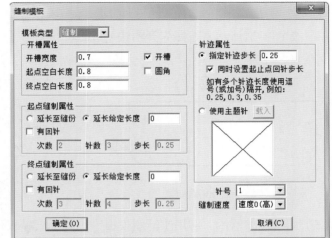

图2-27 模板工具开槽

（7）如图2-28所示，使用【缝制模板】工具，点击右键生成规则模板。

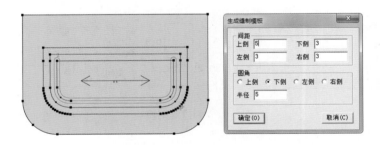

图2-28 生成规则模板

（8）如图2-29所示，擦掉自动生成的缝迹线。

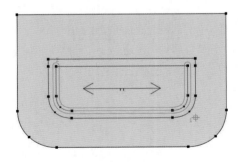

图2-29 擦除缝迹线

（9）移动对位点，与移动结构线到模板方法相同。

（10）上片与移动结构线到模板方法相同。

三、直接移动纸样到模板

（1）口袋做法与移动结构线到模板画口袋方法相同。如图2-30所示，绘制口袋结构图。

（2）如图2-31所示，按照先开槽法生成纸样。

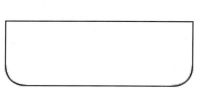

图2-30　口袋结构图

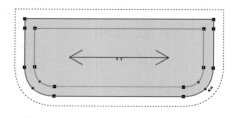

图2-31　生成纸样

（3）如图2-32所示，使用【缝制模板】工具画出模板（以900×600机型为例）。

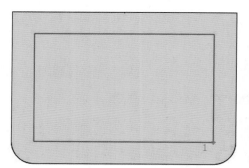

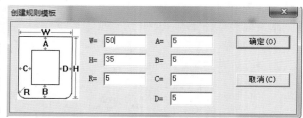

图2-32　创建规则模板

（4）如图2-33所示，按下空格键移动鼠标纸样到模板。

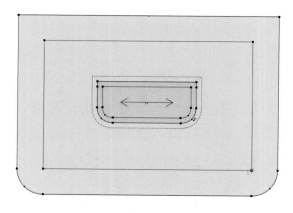

图2-33　移动纸样到模板

（5）如图2-34所示，使用【缝制模板】工具开槽，输入数值，鼠标移动至空白处点击右键确定。

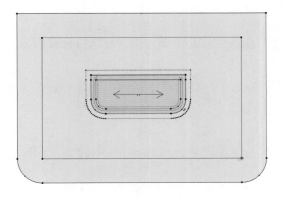

图2-34　结合模板

（6）如图2-35所示，使用【橡皮】工具✐擦去内部缝线。点击空格键，同时移动鼠标，将口袋移出模板。

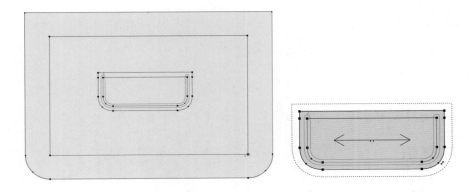

图2-35　模板分开

（7）移动对位点，与移动结构线到模板方法相同。

（8）上片与移动结构线到模板方法相同。

第四节　功能列表

一、快捷工具栏与菜单栏

1. 文档菜单栏（图2-36）

（1）另存为（Ctrl+A）。

①功能：该命令是用于给当前文件做一个备份。

②操作：单击菜单【文档】→【另存为】，弹出【另存为】对话框，输入新的文件名或换一个不同的路径，即可另存当前文档，更详尽的内容请查阅【保存】◈说明。

（2）保存到图库。

①功能：与【加入/调整工艺图片】工具▦配合制作工艺图库。

②操作：

A．选择【加入/调整工艺图片】工具 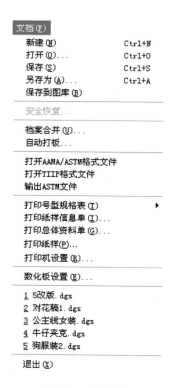，左键框选目标线后单击右键（图2-37）。

B．结构线被一个虚线框框住。

C．单击菜单【文档】→【保存到图库】，弹出【保存到图库】对话框，选择存储路径并输入名称，单击【保存】即可。

（3）安全恢复。

①功能：因断电没来得及保存的文件，用该命令可找回。

②操作：

A．打开软件。

B．单击菜单【文档】→【安全恢复】，弹出【安全恢复】对话框（图2-38）。

C．选择相应的文件，点击【确定】。

③注意：要使安全恢复有效，须在菜单【选项】→【系统设置】→【自动备份】，勾选【使用自动备份】选项。

（4）档案合并。

①功能：把文件名不同的档案合并在一起。

②操作：

A．打开一个文件，如001。

B．单击菜单【文档】→【档案合并】，弹出【打开】对话框，在需要合并的文件上双

文档 (F)	
新建 (N)	Ctrl+N
打开 (O)...	Ctrl+O
保存 (S)	Ctrl+S
另存为 (A)...	Ctrl+A
保存到图库 (B)	
安全恢复...	
档案合并 (U)...	
自动打板...	
打开AAMA/ASTM格式文件	
打开TIIP格式文件	
输出ASTM文件	
打印号型规格表 (T) ▶	
打印纸样信息单 (I)...	
打印总体资料单 (G)...	
打印纸样 (P)...	
打印机设置 (R)...	
数化板设置 (E)...	
1 5改版.dgs	
2 对花稿1.dgs	
3 公主线女装.dgs	
4 牛仔夹克.dgs	
5 狗服装2.dgs	
退出 (X)	

图2-36　菜单栏

图2-37　工艺图片

图2-38　【安全恢复】对话框

击即可。

③条件：要求合并文件的号型名及对应基码相同。

（5）自动打板。

①功能：调入公式法打板文件，可以在尺寸规格表中修改需要的尺寸。

②操作：

A．单击菜单【文档】→【自动打板】，弹出【选择款式】对话框（图2-39）。

图2-39　【选择款式】对话框

B．双击所需款式，弹出【自动打板】对话框，左侧为示意图，右侧为结构图，右下侧为尺寸规格表，如图2-40所示。

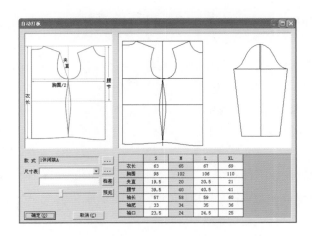

图2-40　【自动打板】对话框

C．单击【确定】，纸样与结构图载入系统，根据实际情况修改。也可以单击【尺寸表】后的 ··· 按扭，选择由三维测量设备测量好的人员数据。

（6）打开AAMA/ASTM格式文件。

①功能：可打开AAMA/ASTM格式文件，该格式是国际通用格式。

②操作：

A．单击菜单【文档】→【打开AAMA/ASTM格式文件】，弹出【打开】对话框。

B．选择存储路径，在文件名上双击即可打开（图2–41）。

图2–41　AAMA/ASTM格式文件

③【打开】对话框参数说明。

A．放缩比例：根据实际情况，可选择不同的比例输入在本软件中。

B．读入文本文字：勾选，文件输入后原文本文字存在，否则只输入纸样。

C．只读基码：勾选，即使输入的是放码文件也只有基码，否则原文件所有号型全部输入。

D．转换缝份：勾选，有缝份的文件输入后有缝份显示（缝份下方以影子的方式显示原缝份线的位置），否则文件输入后以辅助线显示。

（7）打开TIIP格式文件。

①功能：用于打开日本的"*.dxf"纸样文件，TIIP是日本文件格式。

②操作：

A．单击菜单【文档】→【打开TIIP格式文件】，弹出【打开】对话框。

B．选择存储路径，在文件名上双击即可打开。

读入的字符串字体默认系统设置的T文字字体，如读日文文件可把T文字提前设置成日文字体（选项【菜单】→【字体】→【T文字字体】→【设置字体】→【MS Gothic】，字符集中选【日文】）。

（8）打开AutoCAD DXF文件。

①功能：用于打开AutoCAD输出的DXF文件，并能生成结构线。

②操作：

A．单击菜单【文档】→【打开AutoCAD DXF文件】，弹出【打开】对话框（图2–42）。

B．选择存储路径，并选择合适的选项，在文件名上双击即可打开。

（9）打开格柏（GGT）款式。

①功能：用于打开格柏输出的文件。

②操作：

A．单击菜单【文档】→【打开格柏（GGT）款式】，弹出【选择格伯文件类型】对话框（图2-43）。

图2-42　打开AutoCAD DXF 文件　　　　　　图2-43　打开格柏文件

B. 选择合适的文件类型，点击【确定】。

C. 选择相关文件，点击【确定】。

（10）输出ASTM文件。

①功能：把本软件文件转成ASTM格式文件。

②操作：

A. 用"打开"命令把需要输出的文件打开。

B. 单击【文档】菜单→【输出ASTM文件】，弹出【另存为】对话框。

C. 选择保存路径，输入文件名，点击【保存】，弹出【输出ASTM】对话框。

D. 选择合适的选项，点击【确定】即可，如图2-44所示。

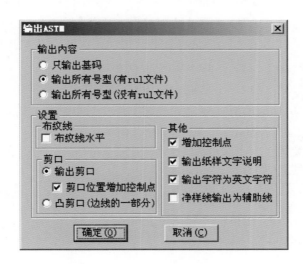

图2-44　输出ASTM文件

③【输出ASTM】对话框参数说明。

A. 只输出基码：选择该项，即使是放码文件输出时也只对基码输出。

B. 输出所有号型（有rul文件）：选择该项，输出的文件除DXF文件外还有一个同名的rul文件。如果放码文件各码的扣位（钻孔）或眼位数量不同时，以基码的数量为准输出。该选项不对绗缝线、缝迹线输出。

C. 输出所有号型（没有rul文件）：选择该项，输出文件的所有内容都在DXF文件中。该选项对绗缝线、缝迹线输出。

D. 布纹线水平：勾选该选项，输出的纸样是以布纹水平旋转了纸样。

E. 增加控制点：勾选该选项，输出的文件的曲线上会增加控制点。

F. 输出剪口：勾选该选项，输出文件时剪口同纸样一起输出，否则不输出剪口。

G. 凸剪口（边线的一部分）：勾选该选项，输出纸样的内剪口变"凸剪口"，凸剪口实际上成为边线的一部分。

H. 剪口位置增加控制点：勾选，输出剪口时剪口下方有控制点，否则剪口下没有控制点。

I. 输出纸样文字说明：勾选，输出纸样时纸样资料"说明"中的内容一起输出，并以T文字的方式显示在纸样上，否则说明内容不输出。

J. 输出字符为英文字符：勾选，纸样布纹线上下的汉字、T文字汉字输出都为英文字符，否则还是原文字输出。

K. 净样线输出为辅助线：输出时勾选此项，用力克软件读入时，净样线会为辅助线。

（11）输出AutoCAD文件。

①功能：把本软件文件转成AutoCAD的DXF格式文件。

②操作：

A. 用"打开"命令把需要输出的文件打开。

B. 单击【文档】菜单→【输出AutoCAD文件】，弹出【另存为】对话框。

C. 选择保存路径，输入文件名，点击【保存】，弹出【输出AutoCAD DXF文件】对话框。

D. 选择合适的选项，单击【确定】即可（图2-45）。

（12）输出自动缝制文件。

①功能：把带有缝制模板槽或只有缝制线/切割线/笔画线的纸样输出成缝制文件，与自动缝纫机接驳。文件支持格式为DSR。

②操作：

A. 把带有模板的纸样文件打开。

B. 单击【文档】菜单→【输出自动缝制文件】，弹出【输出自动缝制文件】对话框。

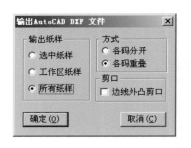

图2-45 输出AutoCAD文件

C. 选择需要输出的纸样、码数、文件目录等，单击【确定】即可输出".DSR"格式的文件，如图2-46所示。

（13）打印号型规格表——打印。

①功能：该命令用于打印号型规格表。

②操作：单击【文档】菜单→【打印号型规格表】→【打印】即可。

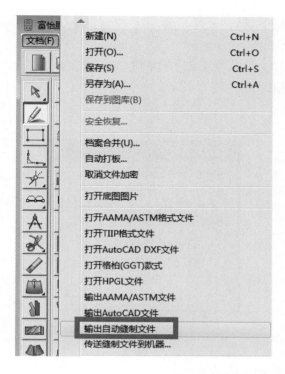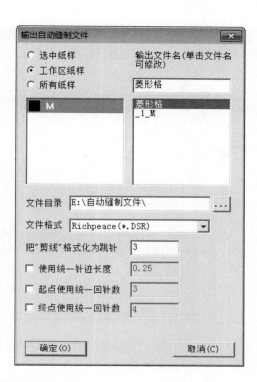

图2-46 【输出自动缝制文件】对话框

（14）打印号型规格表——预览。

①功能：该命令用于预览号型规格表。

②操作：单击【文档】菜单→【打印号型规格表】→【预览】即可。

（15）打印纸样信息单。

①功能：用于打印纸样的详细资料，如纸样的名称、说明、面料、数量等。

②操作：单击【文档】菜单→【打印纸样信息单】，弹出【打印制板裁片单】对话框，选择适当选项，点击【打印】即可。

③注意：如果打印的文字为乱码时，请查看菜单【选项】→【系统设置】→【界面设置】→【语言选择】，选择与使用版本相应的语言即可。

④【打印制板裁片单】参数说明。

A．全部纸样：该命令为对话框的默认值，按【打印】则会把该文件的所有纸样图及纸样资料逐一打印出来。

B．工作区纸样：该选项只打印工作区的纸样。首先把需要打印信息的纸样放于工作区中，再选中该选项，按【打印】则会把工作区的纸样图及纸样资料打印出来，

C．预览：单击可弹出预览界面，如图2-47所示。

（16）打印总体资料单。

①功能：用于打印所有纸样的信息资料，并集中显示在一起。

②【打印总体资料单】参数说明（图2-48）。

A．表单名：指打印或导出文件的标题，表单名可以更改。

B．所有号型：默认为打印所有号型纸样的数据，去掉勾选，则要在其下拉列表中单击选择所需号型，一次只能打印一个号型的所有纸样。

C．所有布料：对于采用不同布料的纸样，默认为全部打印所有的纸样资料，去掉勾选，可在其下拉列表中选择打印哪种布料的纸样。

D．预览：可看到所选的纸样的资料列表。

图2-47　【打印制板裁片单】对话框　　　　图2-48　打印总体资料单

E．导出Excel：文件的总体资料导出Excel表格，如图2-49所示。

服装电脑制板总体资料单

2011-10-9

款式:5100202　　　　电脑档案名:C:\Documents and Settings\Administrator\桌面\test.dgs

简述:

客户:		定单号:		纸样个数:17		号型(码数)个数:3		

布料:面

号型(码数):S

纸 样 名		数量	剪口	钻孔	净 样 面积cm²	净 样 周长cm	毛 样 面积cm²	毛 样 周长cm	说 明
	前上第一层	1	0	0	203.97	103.83	315.65	112.12	
	后上第一层	2	0	0	92.32	43.28	142.26	52.62	
	第一层袖	2	2	0	144.58	58.41	196.13	64.6	
	后腰带	2	0	0	1190.32	143.51	1379.03	153.67	
	裙下第一层后幅	2	1	0	574.78	101.22	723.8	111.79	
	前上第二层	1	0	0	179.23	71.48	253.65	81.48	
	后上第二层	2	0	0	92.32	43.28	142.26	52.62	
	第二层袖	2	2	0	144.58	58.41	196.13	64.6	
	裙下第二层前幅	1	0	0	1149.56	168.02	1330.6	175.82	
	裙下第二层后幅	2	1	0	574.78	101.22	689.98	109.88	

总计：净样(面积=8309.66cm²　周长=1609.98cm) 毛样(面积=10234.93cm²　周长=1766.73cm)

图2-49　总体资料导出Excel表格

③操作：单击【文档】菜单→【打印总体资料单】，弹出【打印总体资料单】对话框，进行相应的设置。选择【预览】或【打印】即可。

④注意：如果打印的文字为乱码时，请查看【选项】菜单→【系统设置】→【界面设置】→【语言选择】，选择与使用版本相应的语言即可。

（17）打印纸样。

①功能：用于在打印机上打印纸样或草图。

②操作：

A．把需要打印的纸样或草图显示在工作区中。

B．单击【文档】菜单→【打印纸样】，弹出【打印纸样】对话框。

C．单击【确定】即可（图2-50）。

（18）打印设置。

①功能：用于设置打印机型号及纸张大小及方向。

②操作：

A．单击【文档】菜单→【打印机设置】，弹出【打印设置】对话框（图2-51）。

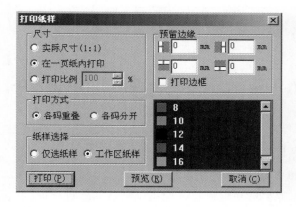

图2-50 【打印纸样】对话框

图2-51 【打印设置】对话框

B．选择相应的打印机型号型及打印方向及纸张的大小，点击【确定】即可。

（19）输出纸样清单到Excel。

①功能：把与纸样相关的信息，如纸样名称、代码、说明、份数、缩水率、周长、面积、纸样图等输入Excel表中，并生成".xls"格式的文件。

②操作：

A．单击【文档】菜单→【输出纸样清单到Excel】，弹出【导出Excel】对话框（图2-52）。

图2-52 【导出Excel】对话框

B．选中需要输出的纸样及选中输出的信息，单击【导出Excel】即可导出（图2-53）。

	A	B	C	D	E	F	G
1				纸样清单			
2						2012-7-24	单位：cm
3	款式：40B0113001						
4	序号	纸样图	名称	布料种类	份数	净样周长	毛样面积
5	1		后中	面	2	178.88	1421.7
6	2		大袖	面	2	155.09	1297.45
7	3		小袖	面	2	137.5	737.33
8	4		挂面	面	2	206.82	989.23
9	5		前中	面	2	279.77	1569.13
10	6		前里	里	2	152.66	845.31
11	7		侧里	里	2	134.57	762.23
12	8		侧片	里	2	133	699.42

图2-53　Excel表格信息

（20）数化板设置参数说明（图2-54）。

①数化板选择：本栏不需要选择型号，软件在出厂前，厂商已根据用户所用数化板型号设置好。

②数化板幅面：用于设置数化板的规格。

③端口：用于选择数化板所连接的端口的名称。

④按键设置：用于设置十六键鼠标上各键的功能。

⑤选择缺省的按键功能设置：勾选后数化板鼠标的对应键将采用系统默认的缺省设置。

⑥数化板菜单区：用于设置数化板菜单区的行列。

⑦精度：用于调整读图板的读图精度。方法：手工画一个50cm×50cm的矩形框，通过数化板读入计算机中，把实际测量出的横纵长度，输入至调整精度的对话框中即可。

⑧打印菜单：在设定完菜单区的行和列后，单击该按钮，系统就会自动打印出【数化板菜单】。

⑨编辑菜单：点击【编辑】菜单，会弹出多个自由编辑区，在此可设置常用的纸样名称，方便在读图时直接把纸样名读入。一个编辑区设置一个纸样名。

数化板菜单是本系统设置的一个读图菜

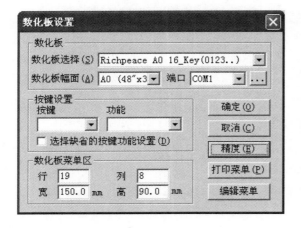

图2-54　【数化板设置】对话框

单，打印出来后贴在数化板的一角，方便鼠标在数化板上直接输入纸样信息。具体如何设置请参考读图。

（21）最近用过的5个文件。

①功能：可快速打开最近用过的5个文件。

②操作：单击【文档】菜单，单击选一个文件名，即可打开该文件。

（22）退出。

①功能：该命令用于结束本系统的运行。

②操作：单击【文档】菜单→【退出】，也可以按标题栏的⊠（关闭按钮），这时如果打开的文件没有保存，会提示一个对话框，问您是否保存：按【否】，则直接关闭系统；按【是】，如果文档一次也没保存过，则会出现【文档另存为】对话框；选择好路径后按【保存】，则关闭系统；如果原来保存过，只是最近几步操作没保存，按【是】，则文件会以原路径保存并关闭系统。

2. 编辑菜单栏（图2-55）

（1）剪切纸样（Ctrl+X）。

①功能：该命令与粘贴纸样配合使用，把选中纸样剪切剪贴板上。

②操作：

A．用【选择纸样控制点】工具选中需要剪切的纸样。

B．点击【编辑】菜单→【剪切纸样】即可。

（2）复制纸样（Ctrl+C）。

①功能：该命令与粘贴纸样配合使用，把选中纸样复制剪贴板上。

②操作：

A．用【选择纸样控制点】工具，选中需要复制的纸样。

B．点击【编辑】菜单→【复制纸样】即可。

（3）粘贴纸样（Ctrl+V）。

①功能：该命令与复制纸样配合使用，使复制在剪贴板的纸样粘贴在目前打开的文件中。

②操作：

A．打开要粘贴纸样的文件。

B．点击【编辑】菜单→【粘贴纸样】即可。

（4）辅助线点都变放码点（G）。

①功能：将纸样中的辅助线点都变成放码点。

②操作：

A．单击选中纸样。

B．单击【编辑】菜单→【辅助线点都变放码点】，弹出【辅助线上的点全部为放码点】对话框，如图2-56所示，则所

图2-55　编辑菜单

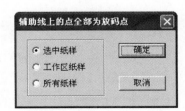

图2-56　【辅助线上的点全部为放码点】对话框

需纸样内的辅助线点都成变放码点。

（5）辅助线点都变非放码点（N）。

①功能：将纸样内的辅助线点都变非放码点。

②操作：与辅助线点都变放码点相同。

（6）自动排列绘图区。

①功能：把工作区的纸样进行按照绘图纸张的宽度排列，省去手动排列的麻烦。

②操作：

A．把需要排列的纸样放入工作区中。

B．单击【编辑】菜单→【自动排列绘图区】，弹出【自动排列】对话框。

C．设置好纸样间隙，单击不排的码使其没有填充色，如图2-57所示"S"码，单击【确定】。工作区的纸样就会按照设置的纸张宽度自动排列。

（7）记忆工作区中纸样位置。

①功能：当工作区中纸样排列完毕，执行【记忆工作区中纸样位置】，系统就会记忆各纸样在工作区的摆放位置，方便再次应用。

②操作：

A．在工作区中排列好纸样。

B．单击【编辑】菜单→【记忆工作区中纸样位置】，弹出【保存位置】对话框（图2-58）。

C．选择存储区即可。

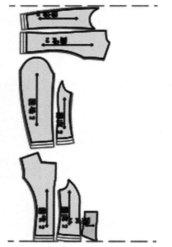
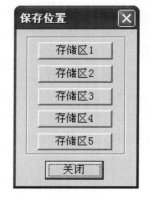

图2-57　【自动排列】绘图区　　　　　　　图2-58　【保存位置】对话框

（8）恢复上次记忆的位置。

①功能：对已经执行【记忆工作区中纸样位置】的文件，再打开该文件时，用该命令可以恢复上次纸样在工作区中的摆放位置。

②操作：

A．打开应用过【记忆工作区中纸样位置】命令的文件。

B. 单击【编辑】菜单→【恢复上次记忆的纸样位置】，弹出【恢复位置】对话框。

C. 单击正确的存储区即可。

（9）复制位图。

①功能：该命令与【加入/调整工艺图片】工具▨配合使用，将选择的结构图以图片的形式复制在剪贴板上。

②操作：

A. 选择【加入/调整工艺图片】工具，点击鼠标左键框选设计图后击右键（图2-59）。

B. 结构图被一个虚线框框住。

C. 单击【编辑】菜单→【复制位图】，此时所选的结构图被复制。

D. 打开OFFICE/WPS办公中的软件，Excel或Word，采用这些软件中的粘贴命令，复制位图就粘贴在这些软件中，可以辅助写工艺单。

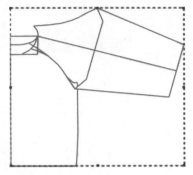

图2-59 框选设计图

（10）纸样生成图片。

①功能：将纸样生成单独的一个个图片或所有的纸样生成一个图片。

②操作：

A. 打开一个有纸样的文件。

B. 单击【编辑】菜单→【生成纸样图片】，弹出【图片】对话框（图2-60）。

C. 根据所需选择适合的选项，点击【确定】后，弹出文件【另存为】对话框，再点击【保存】按钮即可。

图2-60 【图片】对话框

（11）按号型分开选中纸样▨。

①功能：把网状的纸样（放码纸样）分开单码显示。该功能常用于绘图。

②操作：

A. 选中需要单码显示的网状纸样。

B. 用此工具在纸样上单击，出现【号型】对话框（图2-61）。

例如，选择【所有号型】，这时放了码的纸样就按从大到小的顺序排列显示（图2-62）。在相应的码上点击，可以分出相应的码（图2-63）。打散：如果未勾选，设计的曲线是整体的，调整或放码时是整体进行的。

（12）按号型合并纸样▨。

①功能：把多个单码纸样重叠形成网样。例如，放好码的单个纸样读入软件后，用该功能可合并形成网样。

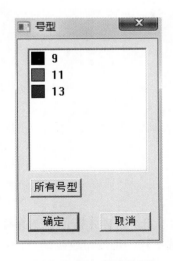

图2-61 【号型】对话框

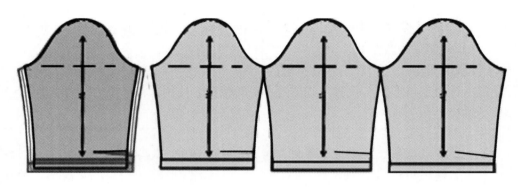

图2-62　纸样按照号型排列

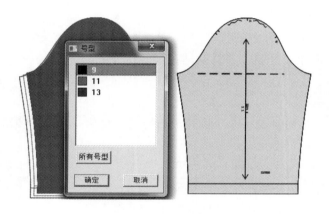

图2-63　按照选中号型分开纸样

②操作：

A．选择此工具，工具栏会出现相应的内容（图2-64）。

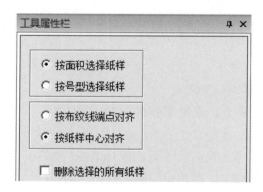

图2-64　工具属性栏

B．选择【按面积选择纸样】，同时选择【按布纹线端点对齐】，再用此工具单击或框选纸样，可按布纹线端点合并，如图2-65所示。

C．选择【按面积选择纸样】，同时选择【按纸样中心对齐】，再用此工具单击或框选纸样，可按中心点对齐，如图2-66所示。

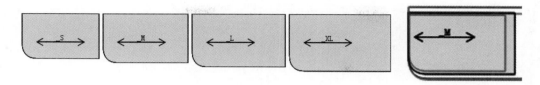

图2-65 合并纸样按布纹线端点对齐

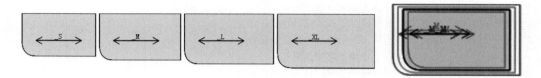

图2-66 合并纸样按纸样中心对齐

D. 选择【按号型选择纸样】，选择【按布纹线端点对齐】，点击基本码M，再依次按从小到大的顺序（S-L-XL基码除外）分别单击即可。

E. 选择【按号型选择纸样】，选择【按中心点对齐】，点击基本码M，再依次按从小到大的顺序（S-L-XL基码除外）分别单击即可。

3. **纸样菜单栏**（图2-67）

（1）款式资料（S）。

①功能：用于输入同一文件中所有纸样的共同信息。在款式资料中输入的信息可以在布纹线上下显示，并可传送到排料系统中随纸样一起输出。

②操作：单击【纸样】菜单→【款式资料】，弹出【款式信息框】，如图2-68所示，输入相关的详细信息，单击对应的【设定】按钮，最后点击【确定】。

③编辑词典：单击对应编辑词典，输入使用频率较高的信息并保存，使用时单击旁边的三角按钮，在下拉列表中单击所需的文字即可。

④【款式信息框】参数说明：

A. 款式名：指打开文件的款式名称。

B. 简述：指对文件的简单说明，该信息不会在纸样上显示。

C. 客户名：可注明为哪个客户做的该文件。

D. 订单号：在此可输入打开文件原订单号。

E. 款式图：显示款式图存储路径。单击该按钮，找出对应的款式图，则打开文件后，勾选显示菜单下的款式图，款式图就显示。

F. 布料：如果在布料下输入该文件中用的所有布料名，则在纸样资料中选择即可。

G. 颜色：单击颜色下的表格，可设置相应面料在纸样列表框中的显示颜色。

H. 布料下的【设定】：单击【设定】，弹出【布料】对话框，统一设定所有纸样的布料。如图2-69所示，选中【面】，则该文件中所有纸样的布料都为面。如果有个别纸样是不同的布料，再在【纸样资料】对话框中设定。

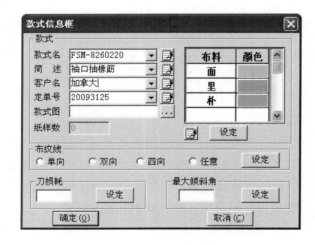

图2-67　纸样菜单

图2-68　【款式信息框】对话框　　　　图2-69　【布料】对话框

（2）纸样资料（P）。

①功能：用于输入同一文件中所有纸样的共同信息。在款式资料中输入的信息可以在布纹线上下显示，并可传送到排料系统中随纸样一起输出。

②操作：单击【纸样】菜单→【款式资料】，弹出【款式信息框】，输入相关的详细信息，单击对应的【设定】按钮，最后点击确定，如图2-70所示。

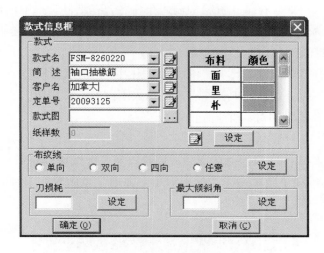

图2-70　【款式信息框】对话框

（3）纸样资料（P）。

①功能：编辑当前选中纸样的详细信息。快捷方式：在衣片列表框上双击纸样。

②操作：

A．选中一纸样，单击【纸样】菜单→【纸样资料】，弹出【纸样资料】对话框，输入各项信息，按【应用】按钮即可。

B．如果还需对其他纸样编辑信息，可以先不关闭对话框，按【应用】后再选中其他纸样对其编辑，如图2-71所示。

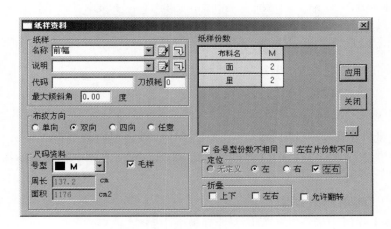

图2-71　【纸样资料】对话框

③参数说明：

A．名称：指选中纸样的名称。

B．说明：对选中纸样有特殊说明，可在此输入，如"有绣花"。

C．转行⤶：纸样名称、纸样说明文字太长时可以用来转行，把光标移在需要转行的位置按回车键即可。

D．布料名的输入：如果在款式资料中输入布料名，在纸样资料中选择即可。

E．份数：如果为偶数，在【定位】栏下勾选【左右】，【左】选项自动被选中，那么在排料中另一份纸样就是右片了。

F．各号型份数不相同：勾选此项，各号型可输入不同的纸样份数。

G．左右片份数不同：勾选此项，左右片可输入不同的纸样份数。

H．：用于展开或收缩对话框下面的部分。

（4）总体数据。

①功能：查看文件不同布料的总的面积或周长以及单个纸样的面积、周长。

②操作：单击【纸样】菜单→【总体数据】，弹出【总体数据】对话框，可以查看所需数据，如图2-72所示。

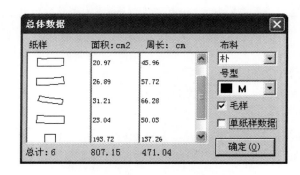

图2-72　【总体数据】对话框

③说明：【单纸样数据】勾选时，各纸样的面积、周长是以1份纸样计算的。不勾选时是以实际份数计算的。

（5）删除当前选中纸样（Ctrl+D）。

①功能：将工作区中的选中纸样从衣片列表框中删除。

②操作：

A．选中要删除的纸样。

B．单击【纸样】菜单→【删除当前选中纸样】，或者使用快捷键Ctrl+D，弹出对话框。

C．单击【是】，则当前选中纸样从文件中删除，单击【否】则取消该命令，该纸样没被删除。

（6）删除工作区中所有纸样。

①功能：将工作区中的全部纸样从衣片列表框中删除。

②操作：

A．把需要删除的纸样放于工作区中。

B．单击【纸样】菜单→【删除工作区中所有纸样】，弹出对话框。

C．单击【是】，则工作区全部纸样从文件中删除，单击【否】则取消该命令，该纸样没被删除。

（7）清除当前选中纸样（M）。

①功能：清除当前选中的纸样的修改操作，并把纸样放回衣片列表框中。用于多次修改后再回到修改前的情况。

②操作：

A．单击【纸样】菜单→【清除当前选中纸样】。

B．工作区中选中的纸样被清除，并返回纸样列表框，如果还想对该纸样进行操作，那么就要重新到纸样列表框去点该纸样。

③说明：清除纸样只把当前选中纸样从工作区放回纸样窗，即使纸样被修改过，放回纸样窗中还与操作前的一样，对在工作区中操作的无效，与删除纸样是不同的。

（8）清除纸样放码量（Ctrl+G）。

①功能：用于清除纸样的放码量。

②操作：

A．选中要清除放码量的纸样。

B．单击【纸样】菜单→【清除纸样放码量】，弹出【清除纸样放码量】对话框，如图2-73所示。

C．选择第一选项，点击【确定】即可。

③说明：如果对工作区纸样或所有纸样操作该命令，直接点击该命令。

（9）清除纸样的辅助线放码量（F）。

①功能：用于删除纸样辅助线的放码量。

②操作：

A．选中需删除辅助线放码量的纸样。

B．单击【纸样】菜单→【清除辅助线放码量】，弹出【清除辅助线放码量】对话框，如图2-74所示。

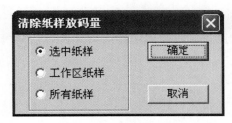
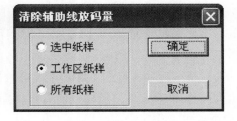

图2-73　【清除纸样放码量】对话框　　图2-74　【清除辅助线放码量】对话框

C．选择第一选项，点击【确定】即可。

③说明：如果对工作区纸样或所有纸样操作该命令，直接点击该命令。

（10）清除纸样拐角处的剪口。

①功能：用于删除纸样拐角处的剪口。

②操作：

A．选中需要删除拐角的纸样。

B．单击【纸样】菜单→【清除拐角剪口】，弹出【清除拐角剪口】对话框，如图2-75所示。

C．选择第一选项，点击【确定】即可。

③说明：如果对工作区纸样或所有纸样操作该命令，直接点击该命令，用此命令删除的拐角剪口都是用拐角剪口做的。

（11）清除纸样上的文字（T）。

①功能：清除纸样中用T工具写上的文字（不包括布纹线上下的信息文字）。

②操作：

A．选中有"T"文字的纸样。

B．单击【纸样】菜单→【清除纸样上的文字】，弹出【清除纸样上的文字】对话框，如图2-76所示。

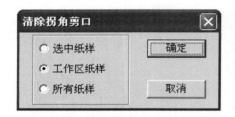
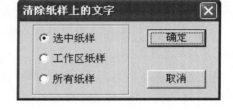

图2-75　【清除拐角剪口】对话框　　　图2-76　【清除纸样上的文字】对话框

C．选择第一选项，点击【确定】即可。

③说明：如果对工作区纸样或所有纸样操作该命令，直接点击该命令。

（12）删除纸样所有辅助线。

①功能：用于删除纸样的辅助线。

②操作：

A．选中需删除辅助线的纸样。

B．单击【纸样】菜单→【删除纸样所有辅助线】，弹出【删除纸样所有辅助线】对话框，如图2-77所示。

C．选择第一选项，点击【确定】即可。

③说明：如果对工作区纸样或所有纸样操作该命令，直接点击该命令。

（13）移出工作区全部纸样。

①功能：将工作区全部纸样移出工作区。

②操作：单击【纸样】菜单→【移出工作区全部纸样】，或者用快捷键F12。

（14）全部纸样进入工作区。

①功能：将纸样列表框的全部纸样放入工作区。

②操作：

A．单击【纸样】菜单→【全部纸样进入工作区】，或者用快捷键Ctrl+F12。

B．纸样列表框的全部纸样，会进入工作区。

（15）创建规则纸样。

①功能：作圆或矩形纸样。

②操作：

A．单击【纸样】菜单→【做规则纸样】，弹出【创建规则纸样】对话框，如图2-78所示。

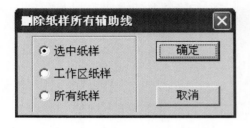

图2-77　【删除纸样所有辅助线】对话框

图2-78　【创建规则纸样】对话框

B．根据所需选择选项，输入相应的数值，点击【确定】，新的纸样即可生成。

（16）生成影子。

①功能：将选中纸样上所有点线生成影子，方便在改板后看到改板前的影子。

②操作：

A．选中需要生成影子的纸样。

B．单击【纸样】菜单→【生成影子】。

（17）显示/掩藏影子。

①功能：用于显示或掩藏影子。

②操作：单击【纸样】菜单→【显示/掩藏影子】，如果用该命令前影子为显示，则用该命令后影子为显示掩藏状态；反之，用之前为掩藏，则之后就为显示。

（18）移动纸样到结构线位置。

①功能：将移动过的纸样再移到结构线的位置。

②操作：

A．选中需要操作的纸样。

B．单击【纸样】菜单→【移动纸样到结构线位置】，弹出【移动纸样到结构线位置】对话框，如图2-79所示。

C．选择第一选项，点击【确定】即可。

③说明：如果对工作区纸样或所有纸样操作该命令，直接点击该命令。

（19）纸样生成打板草图。

①功能：将纸样生成新的打板草图。

②操作：

A. 选中需要生成草图的纸样。

B. 单击【纸样】菜单→【纸样生成打板草图】，弹出【纸样生成打版草图】对话框，如图2-80所示。

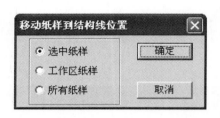

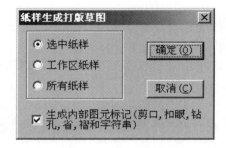

图2-79　【移动纸样到结构线位置】对话框　　　图2-80　【纸样生成打版草图】对话框

C. 选择第一选项，点击【确定】即可。

③说明：如果需要把纸样内部图元生成标记，需要勾选对话框下方选项。

（20）角度基准线。

①功能：在纸样上定位。例如，在纸样上定袋位、腰位（图2-81）。

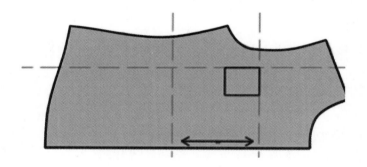

图2-81　纸样定位

②操作：

A. 添加基准线：有2种操作方法。在显示标尺的条件下，按住鼠标左键从标尺处直接拖；用选择纸样控制点工具　选中纸样上两点，单击【纸样】菜单→【角度基准线】。

B. 移动基准线：有2种操作方法。用调整工具　单击基准线移至目标位置；指定尺寸移动基准线，用调整工具在要移动的基准线上双击，会弹出【基准线】对话框（图2-82）。

C. 复制基准线：按住Ctrl键，用调整工具单击基准线，弹出【基准线】对话框。

图2-82　【基准线】对话框

D. 删除基准线：用调整工具移动基准线到工作区的边界处即可消失；用橡皮擦工具✏单击或框选基准线；删除工作区全部基准线按"Ctrl+Alt+Shift+G"即可。

4. **显示菜单栏**

包括状态栏、款式图、标尺、衣片列表框、快捷工具栏、设计工具栏、纸样工具栏、放码工具栏、自定义工具栏、显示辅助线、显示临时辅助线。勾选则显示对应内容，反之则不显示，如图2-83所示。

5. **选项菜单栏**（图2-84）

（1）系统设置（S）。

①功能：系统设置中有多个选项卡，可对系统各项进行设置。

②操作：单击【选项】菜单→【系统设置】，弹出【系统设置】对话框。有8个选项卡，重新设置任一参数，需单击下面的应用按钮才有效。

③参数说明：

A. 界面设置（图2-85）。

a. 纸样列表框布局：单击上、下、左、右中的任何一个选项按钮，纸样列表框就放置在对应位置。

b. 设置屏幕大小：按照实际的屏幕大小输入后，按Ctrl+F11时图形可以1：1显示。

c. 语言选择：用于切换语言版本，如Chinese（GB）为中文简体版，Chinese（BIG5）为中文繁体版。

显示（V）
- ✓ 状态栏（S）
-   款式图（T）
- ✓ 标尺（R）
- ✓ 衣片列表框（L）

- ✓ 快捷工具栏（Q）
- ✓ 设计工具栏（H）
- ✓ 纸样工具栏（P）
- ✓ 放码工具栏（E）
-   自定义工具栏1
-   自定义工具栏2
-   自定义工具栏3
-   自定义工具栏4
-   自定义工具栏5

- ✓ 显示辅助线
- ✓ 显示临时辅助线

图2-83 显示菜单

选项（O）
- 系统设置（S）...

- 使用缺省设置（A）
- ✓ 启用尺寸对话框（U）
- 字体（F）

图2-84 选项菜单

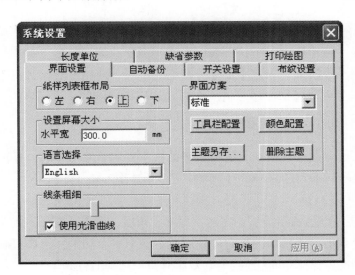

图2-85 【系统设置】对话框

d. 线条粗细：指结构线、纸样边线、辅助线的粗细，滑块向左滑线条会越来越细，向右滑线条会越来越粗。勾选使用光滑曲线，线条为光滑线条显示，不勾选为锯齿线条显示。

e. 界面方案：存储了的主题可在下拉菜单中进行选择。

·工具栏配置：为了用户操作方便，可根据需求只把用到的工具显示在界面上。单击该按钮可自行设置自定义工具及右键工具。注意：需要在【显示】→【自定义工具条】打勾才可以显示（图2-86）。

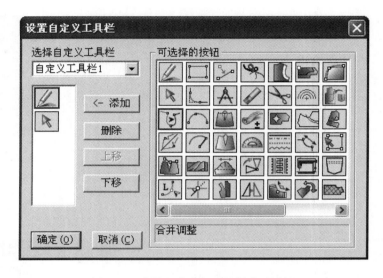

图2-86　【设置自定义工具栏】对话框

·主题另存：设定好的自定义工具条可存储，可存储多个主题。

·删除主题：不需要的主题可先选中，再单击该按钮将其删除。

·颜色配置：与快捷工具栏下的 ◎ 颜色设置一样。

B. 长度单位：用于确定系统所用的度量单位。在厘米、毫米、英寸和市寸四种单位里单击选择一种，在【显示精度】下拉列表框内选择需要达到的精度。在选择英寸的时候，可以选择分数格式与小数格式。勾选【英寸分数格式】时，使用分数格式；不勾选时，使用小数格式。没有输入分数分母，以显示精度作为默认分母。例如，设精度为1/16，在勾选此项的10.3和没勾选此项的$10\frac{3}{6}$是一样的，都是10寸1分半。

勾选【使用英寸分数格式时在长度比较对话框中显示精确值】时，长度比较表中有分数与小数两种格式显示；不勾选时，只有分数格式显示（图2-87）。

C. 缺省参数（图2-88）。

a. 剪口：可更改默认剪口类型、宽度、深度、角度、命令（操作方式）等。

·命令：选择裁剪，连接切割机时外轮廓线上的剪口会切割；选择只画，连接切割机或绘图仪时以画的方式显现；M68为连接电脑裁床时剪口选择的方式。

·双剪口间的距离：指打多剪口时相邻剪口间默认的距离。

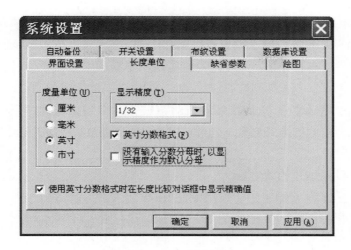

图2-87　长度单位设置

图2-88　缺省参数设置

·数化仪剪口点的类型：这里设定的为【读纸样】对话框中默认点，如选择的是放码曲线点，则按剪口键后，剪口下方有个放码曲线点。

·多剪口时单向生成：勾选则剪口对话框中的距离是参考点至最近剪口的距离；否则，剪口对话框中的距离是参考点到多剪口中点的距离。

b. 缝份量：勾选"显示缝份量""自动加缝份"，勾选自动加缝份后，当生成样片后，系统会为每一个衣片自动加上缝份。

c. 点提示大小：●ᴵ ■ᴵ 用于设置结构线或纸样上的控制点大小；✳ᴵ 用于设置参考点大小。

d. 省的打孔距离："省尖"用于设置省尖钻孔距省尖的距离；"省腰"用于设置省腰钻孔距省腰的距离；"省底"用于设置省底钻孔距省底的距离。操作：设置常用的省的打孔距离，双击欲修改的文本框，输入数据后点击【应用】键即生效。

e. 钻孔。

·命令：选择"钻孔"，指连接切割机时该钻孔会切割；选择"只画"，指连接绘图仪、切割机时钻孔会以画的形式显现；勾选Drill M43或Drill M44或Drill M45，指连接裁床时，砸眼的大小。

·半径：用于设置钻孔的大小。

f. 拾取灵敏度和衣片份数：用于设定鼠标抓取的灵敏度。

·抓取半径：鼠标抓取的灵敏度是指以抓取点为圆心，以像素为半径的圆。像素越大，范围越大，一般设在5~15像素。

·衣片份数：是剪纸样时或用数化板读图时，纸样份数的默认设置。

D. 绘图（图2-89）。

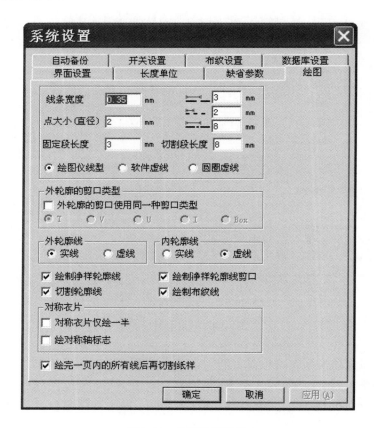

图2-89 绘图选项设置

a. 线条宽度：用于设置喷墨绘图仪的线的宽度。

b. 点大小（直径）：用于设置喷墨绘图仪的点大小。

·⊢⊣指设定虚线的间隔长度。

· ⊢⊥⊣ 指设定点线间隔长度。

· ⊨•⊣ 指设定点划线间隔长度。

c. 固定段长度：为了保证切割时纸样与原纸张相连，在此设定这段线所需长度。

d. 切割段长度：设置刀一次切割的长度。在切割时纸样边缘的切割形状如图2-90所示。

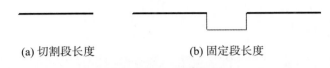

(a) 切割段长度　　　　　　(b) 固定段长度

图2-90　纸样边缘切割形状图

e. 绘图仪线型、软件虚线、圆圈虚线：系统提供了7种线型，在绘图功能中选择不同类型时各种线型的绘图效果见表2-2。

表2-2　绘图线型表

名称	图示	选择绘图仪线型	输出后图示	选择软件虚线	输出后图示	选择圆圈虚线	输出后图示
实线	——	实线	——	实线	——	实线	——
虚线	– – –	虚线	·-·-·-·	根据设置的长度、间隔绘制	··········	根据设置的直径、间隔绘制	▫ ▫ ▫ ▫ ▫
点线	- - - - -	点线	·--------		·········		✦✦✦✦✦✦
点划线	–·–·–	点划线	·-·-·-·		·········		⋈⋈⋈⋈⋈⋈
自定义虚线	⊢L⊣D⊣	绘制的形状与屏幕上显示的形状相同	— — —	绘制的形状与屏幕上显示的形状相同	— — —	绘制的形状与屏幕上显示的形状相同	— — —
圆形曲线	R◯D◯--		○○○○○ı		○○○○○ı		○○○○○ı
自定义曲线	☆☆☆		★ ★ ★ ⁿ		★ ★ ★ ⁿ		★ ★ ★ ⁿ

f. 外轮廓的剪口类型：勾选【外轮廓的剪口使用同一种类型】，则可在下面选择一种绘图或切割时统一采用的剪口。

g. 外轮廓线/内轮廓线：用于设置绘图时各种线所需绘制的线型。

· 绘制净样轮廓线：勾选，绘制净样线。

· 绘制内轮廓线剪口：勾选，绘制内轮廓线剪口。

· 切割轮廓线：勾选，使用刻绘仪时，切割外轮廓线，此时固定段长度与切割段长度被激活。

· 绘制布纹线：勾选，绘图或打印时，绘制布纹线。

h. 对称衣片。

·对称衣片仅绘一半：勾选，对称衣片只绘一半；反之，绘整个对称衣片。

·绘对称轴标志：勾选，对称纸样绘对称标志（在对称轴上用两个半圆弧表示）；反之不绘对称标志。

i. 绘完一页的所有线后再切割纸样：勾选，接切割机机时用笔绘完一页后再用切割刀切割纸样。

E. 自动备份（图2-91）。

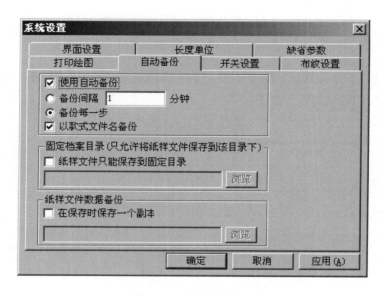

图2-91　自动备份设置

a. 使用自动备份：勾选，则系统实行自动备份。

·备份间隔：用来设置备份的时间间隔。

·备份每一步：是指备份操作的每一步。人为保存过的每一个文件都有对应的文件名，后缀名为bak，与人为保存的文件在同一目录下。如果做了多步操作，一次也没保存，就用安全恢复。

b. 以款式文件名备份：勾选，在保存文件的目录下每个文件都有相对应的备份，如在某目录下保存了一个文件名为NV003.dgs，那么同一目录下也有一个NV003.bak。

c. 固定档案目录（只允许将纸样文件保存到设定的目录下）：勾选，则所有文件保存到指定目录内，不会由于操作不当找不到文件。选用本项后，纸样就不能再存到其他目录中，系统会提示您一定要保存到指定目录内，这时只有选择指定目录才能保存。

d. 在保存时保存一个副本：在正常保存文件同时，勾选该选项也可以在其他盘符中再保存一份文档作为备份。

F. 开关设置（图2-92）。

a. 显示非放码点（Ctrl+K）：勾选则显示所有非放码点，反之不显示。

b. 显示放码点（Ctrl+F）：勾选则显示所有放码点，反之不显示。

c. 显示缝份线（F7）：勾选则显示所有缝份线，反之不显示。

d. 填充纸样（Ctrl+J）：勾选则纸样有颜色填充，反之没有。

e. 使用滚轮放大缩小（点击全屏）：勾选则鼠标滚轮向后滚动为放大显示，向前滚动为缩小显示，反之为移动屏幕。

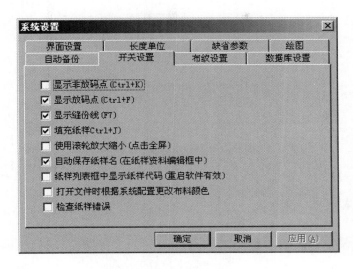

图2-92　开关设置

f. 自动保存纸样名（在纸样资料编辑框中）：勾选该项，在纸样资料对话框中新输入的纸样名会自动保存，否则不会被保存。

g. 纸样列表框中显示纸样代码（重启软件有效）：勾选该选项重启软件后，纸样资料对话中输入的纸样代码会显示在纸样列表框中，反之不显示。

h. 打开文件时根据系统配置更改布料颜色：把计算机A的布料颜色设置好，并把该台计算机富怡安装目录下DATA文件中的MaterialColor.dat文件复制粘贴在计算机B的富怡安装目录下DATA文件中，并且在系统设置中勾选该选项，则在计算机B中打开文件布料颜色显示的与计算机A中布料的颜色显示一致。

i. 检查纸样错误：勾选该选项，如果纸样的边线有交叉或布纹线有伸出纸样外的情况，软件就会提示请您检查某纸样。

（2）帮助菜单（图2-93）。

帮助(H)
———————————
关于富怡DGS(A)...

图2-93　帮助

①功能：用于查看应用程序版本、VID、版权等相关信息。

②操作：单击【帮助】菜单→【关于富怡DGS】，弹出【关于DGS】对话框（图2-94），查看之后，点击【确定】。

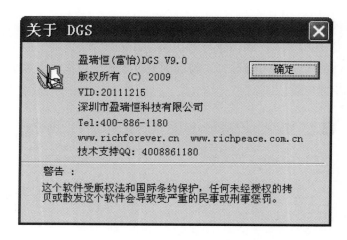

图2-94　【关于DGS】对话框

二、设计工具栏（图2-95）

图2-95　设计工具栏

1. 调整工具 ▶ （A）

（1）功能：用于调整曲线的形状，查看线的长度，修改曲线上控制点的个数，DXF格式模板曲线点与转折点的转换，改变钻孔、扣眼、省、褶的属性，调整模板大小。

（2）操作。

①调整单个控制点。

A. 用该工具在曲线上单击，线被选中，单击线上的控制点，拖动至满意的位置，单击即可。当显示弦高线时，此时按小键盘数字键可改变弦的等份数，移动控制点可调整至弦高线上，光标上的数据为曲线长和调整点的弦高（显示/隐藏弦高：Ctrl + H），如图2-96所示。

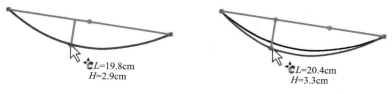

(a) 调整曲线上的控制点 　　　　　(b) 按数字键并调整控制点位置

图2-96　调整单个控制点

B. 定量调整控制点：用该工具选中线后，把光标移至控制点上，敲回车键，点击【确定】，如图2-97所示。

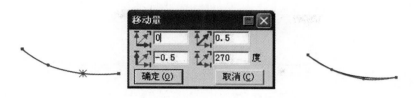

图2-97 定量调整控制点

C．在线上增加控制点、删除曲线或折线上的控制点：单击曲线或折线，使其处于选中状态，在没点的位置，用左键单击为加点（或按Insert键），或把光标移至曲线点上，按Insert键可使控制点可见，在有点的位置单击右键为删除（或按Delete键），如图2-98所示。

(a) 原线　　　　　　　(b) 过程　　　　　　　(c) 结果

图2-98 删除曲线上的控制点

D．在选中线的状态下，把光标移至控制点上按Shift键，可在曲线点与转折点之间切换。在曲线与折线的转折点上，如果把光标移在转折点上击鼠标右键，曲线与直线的相交处自动顺滑，在此转折点上如果按Ctrl键，可拉出一条控制线，可使得曲线与直线的相交处顺滑相切，如图2-99所示。

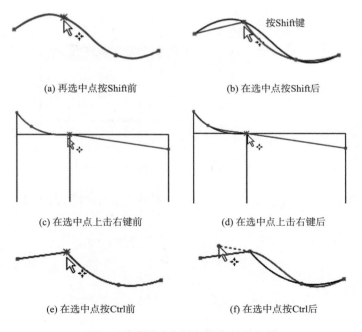

(a) 再选中点按Shift前　　　　　　　　(b) 在选中点按Shift后

(c) 在选中点上击右键前　　　　　　　　(d) 在选中点上击右键后

(e) 在选中点按Ctrl前　　　　　　　　(f) 在选中点按Ctrl后

图2-99 曲线点与转折点之间的切换

E．用该工具在曲线上单击，线被选中，敲小键盘的数字键，可更改线上的控制点个数，如图2-100所示。

图2-100　更改线上的控制点数量

（2）调整多个控制点。

①按比例调整多个控制点。

A．如图2-101（a）所示，调整点C时，点A、点B按比例调整。

a．如果在调整结构线上调整，先把光标移在线上，拖选AC，光标变为平行拖动，如图2-101（b）所示。

b．按Shift键切换成按比例调整光标，如图2-101（c）所示，单击点C并拖动，弹出【比例调整】对话框。如果目标点是关键点，直接把点C拖至关键点即可；如果需在水平或垂直或在45°方向上调整，按住Shift键即可。

c．输入调整量，点击【确定】即可。

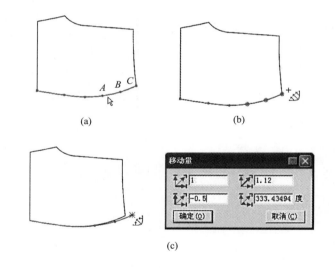

图2-101　调节多个控制点

B．在纸样上按比例调整时，让控制点显示，操作与在结构线上类似，如图2-102所示。

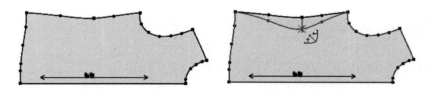

图2-102　水平垂直45°方向调整纸样

②平行调整多个控制点。拖选需要调整的点，光标变成平行拖动 $^+_\triangleleft$ ，单击其中一点拖动，弹出【移动量】对话框，如图2-103所示，输入适当的数值，点击【确定】即可。

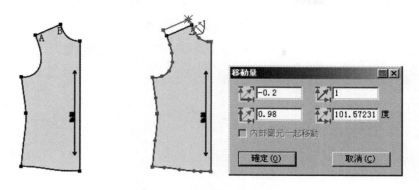

图2-103　平行调整多个控制点

注：在进行平行调整、比例调整的时候，若未勾选【选项】菜单中的【启用点偏移对话框】，那么【移动量】对话框不再弹出。

③移动框内所有控制点。左键框选按回车键，会显示控制点，在对话框中输入数据，这些控制点都偏移，如图2-104所示。第一次框选为选中，再次框选为非选中。如果选中的为放码纸样，也可对仅显示的单个码框选调整（基码除外）。

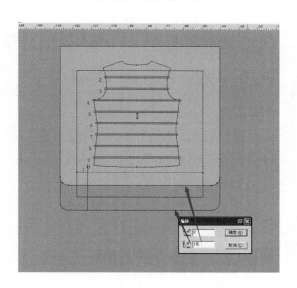

图2-104　移动框内所有控制点

2. **智能笔工具** ✎（F）

（1）功能：用来画线、作矩形、调整线的长度、连角、加省山、删除、单向靠边、双向靠边、移动（复制）点线、转省、剪断（连接）线、收省，作不相交等距线、相交等距线、圆规、三角板、偏移点（线）、水平垂直线、偏移等，综合了多种功能，主要用于模板设计线型进行平行移动。

（2）操作。

①单击左键。

A．单击左键则进入【画线】工具。在空白处、或关键点、或交点、或线上单击，进入画线操作；光标移至关键点或交点上，按回车以该点作偏移，进入画线类操作；在确定第一个点后，单击右键切换为丁字尺（画水平线/垂直线/45°线）、任意直线。按住Shift键切换为画折线与曲线，如图2-105所示。

(a) 画水平线/垂直线/45°线状态　　　(b) 画任意的直线、曲线状态　　　(c) 画折线状态

图2-105　智能笔画线状态

B．按Shift键，单击左键则进入【矩形】工具（常用于从可见点开始画矩形的情况）。

②单击右键。

A．在线上单击右键则进入【调整工具】。

B．按Shift键，在线上单击右键则进入【调整曲线长度】。在线的中间击右键为两端不变，调整曲线长度。如果在线的一端击右键，则在这一端调整曲线的长度，如图2-106所示。

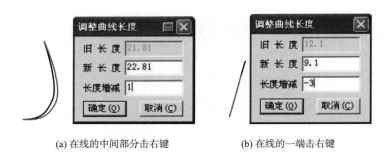

(a) 在线的中间部分击右键　　　(b) 在线的一端击右键

图2-106　调整曲线长度

③左键框选。

A．如果左键框住两条线后单击右键为【角连接】，如图2-107所示。

(a) 鼠标所示之处击右键　　　(b) 连角后的两线段

图2-107　角连接

B．如果左键框选四条线后，单击右键则为【加省山】。说明：在省的哪一侧击右键，省底就向哪一侧倒。

C．如果左键框选一条或多条线后，再按Delete键，则删除所选的线。

D．如果左键框选一条或多条线后，再在另外一条线上单击左键，则进入【靠边】功能，在需要线的一侧单击右键，为【单向靠边】；如果在另外的两条线上单击左键，为【双向靠边】，如图2-108所示。

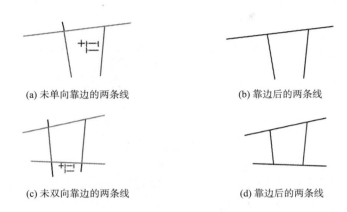

(a) 未单向靠边的两条线　　　　　　　　(b) 靠边后的两条线

(c) 未双向靠边的两条线　　　　　　　　(d) 靠边后的两条线

图2-108　单向靠边与双向靠边

E．按左键在空白处框选，进入【矩形】工具。

F．按Shift键，如果左键框选一条或多条线后，单击右键为【移动（复制）】功能，用Shift键切换复制或移动，按住Ctrl键，为任意方向移动或复制。

G．按Shift键，如果左键框选一条或多条线后，单击左键选择线则进入【转省】功能。

④右键框选。

A．右键框选一条线，则进入【剪断（连接）线】功能。

B．按Shift键，右键框选一条线则进入【收省】功能。

⑤左键拖拉。

A．在空白处，用左键拖拉，进入【画矩形】功能。

B．左键拖拉线，进入【不相交等距线】功能，如图2-109所示。

图2-109　不相交等距线

C. 在关键点上按下左键，拖动到一条线上放开，进入【单圆规】功能。

D. 在关键点上按下左键，拖动到另一个点上放开，进入【双圆规】功能。

E. 按Shift键，左键拖动线则进入【相交等距线】功能，再分别单击相交的两侧，如图2-110所示。

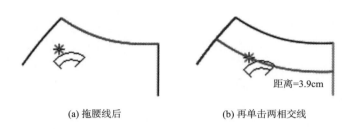

(a) 拖腰线后　　　　　　　　(b) 再单击两相交线

图2-110　相交等距线

F. 按Shift键，左键拖拉选中两点则进入【三角板】功能，再点击另外一点，拖动鼠标，选中线的平行线或垂直线，如图2-111所示。

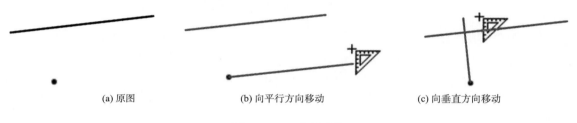

(a) 原图　　　　　(b) 向平行方向移动　　　　　(c) 向垂直方向移动

图2-111　三角板功能

⑥右键拖拉。

A. 在关键点上，右键拖拉进入【水平垂直线】功能（右键切换方向），如图2-112所示。

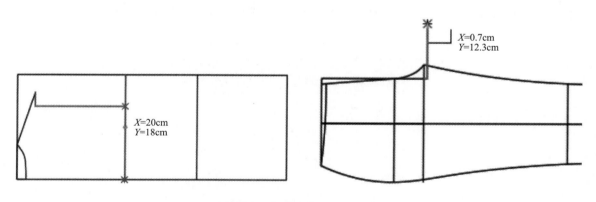

图2-112　智能笔作水平垂直线

B. 按Shift键，在关键点上，右键拖拉点进入【偏移点/偏移线】功能（用右键切换保留点/线），如图2-113所示。

⑦按回车键：取【偏移点】，如图2-114所示。

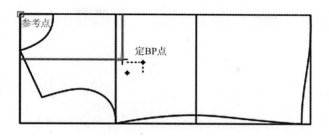

图2-113 关键点作偏移点/偏移线

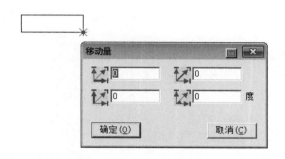

图2-114 【移动量】对话框

3. **矩形工具** □（S）

（1）功能：画矩形。

（2）操作：空白处单击左键，拖拉画出矩形，继续单击左键，输入矩形长宽数值，如图2-115所示；单击指定点，拖拉画出矩形，如图2-116所示。

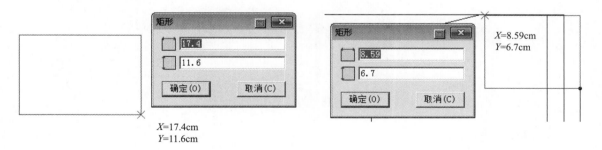

图2-115 输入矩形长宽数值　　　　　　　图2-116 指定点作矩形

4. **圆角工具** □

（1）功能：处理相交线形成的拐角为圆角形状，常用于处理袋盖、衣摆的圆角或是菱形线迹圆角。

（2）操作：单击或左键框选拐角处两条相交的边线，出现顺滑连角对话框，先单击或框选的那条边线段为线条1，可以切换参考端点，默认参考点为拐角相交点。可以选择按距离或比例来处理圆角的两边大小值，如图2-117所示。

5. CR圆弧工具 ⟨⟩

（1）功能：画圆弧、画圆，适用于画结构线、纸样辅助线，主要用于模板定位和模板图钉圆孔的制作。

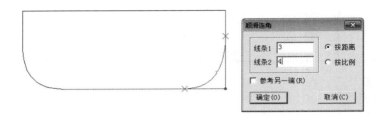

图2-117　圆角处理

（2）操作。

①按Shift键，在CR圆 ⊛ 与CR圆弧 ⌒ 间切换。

②光标为 ⊛ 时，在任意一点单击来确定圆心，拖动鼠标再单击，弹出【半径】对话框，如图2-118所示。

③输入圆的适当半径，单击【确定】即可。

（3）说明：CR圆弧的操作与CR圆操作一样，可以输出弧长和角度来确定圆弧的大小和形状。

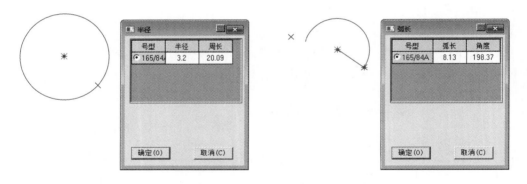

图2-118　圆弧工具作圆

6. 角度线 ⟨⟩（L）

（1）功能：作任意角度线，过线上（线外）一点作垂线、切线（平行线），结构线、纸样上均可操作。

（2）操作。

①在已知直线或曲线上作角度线。

A．如图2-119所示，点C是线AB上的一点。先单击线AB，再单击点C，此时出现两条相互垂直的参考线，按Shift键，两条参考线在图2-119（a）与图2-119（b）间切换。

B．以上两分图任一情况下，击右键切换角度起始边，图2-120是图2-119（a）的切

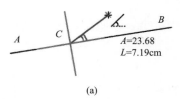

(a)

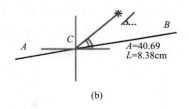

(b)

图2-119　已知直线或曲线上作角度线

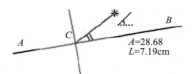

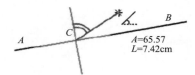

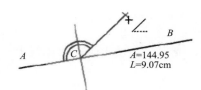

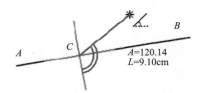

图2-120　角度线切换图

换图。

C．在所需的情况下单击左键，弹出【角度线】对话框，如
图2-121所示。

图2-121　【角度线】对话框

D．输入线的长度及角度，点击【确定】即可。

②过线上一点或线外一点作垂线。

A．如图2-122所示，先单击线，再单击点A，此时出现两条

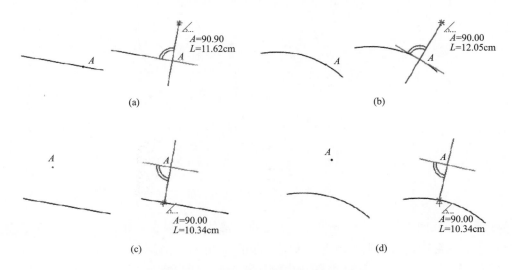

(a)　　　　　　　　　　　　　　(b)

(c)　　　　　　　　　　　　　　(d)

图2-122　过线上一点或线外一点作垂线

相互垂直的参考线，按Shift键，切换参考线与所选线重合。

B．移动光标使其与所选线垂直的参考线靠近，光标会自动吸附在参考线上，单击，弹出对话框。

C．输入垂线的长度，单击【确定】即可。

③过线上一点作该线的切线或过线外一点作该线的平行线。

A．如图2-123所示，先单击线，再单击点A，此时出现两条相互垂直的参考线，按Shift键，切换参考线与所选线平行。

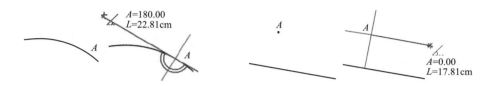

图2-123　过线上一点作该线的切线或过线外一点作该线的平行线

B．移动光标使其与所选线平行的参考线靠近，光标会自动吸附在参考线上，单击，弹出【角度线】对话框。

C．输入平行线或切线的长度，单击【确定】即可。

注：长度指所作线的长度，![](指所作的角度，反方向角度指勾选后![](里的角度为360°与原角度的差。

7．等分规![]（D）

（1）功能：在线上加等分点、在线上加反向等距点。在结构线上或纸样上均可操作。

（2）操作。

①用Shift键切换![]在线上加两等距光标与![]等分线段光标（右键来切换![]和![]，实线为拱桥等分），如图2-124所示。

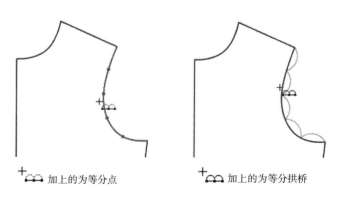

![] 加上的为等分点　　　![] 加上的为等分拱桥

图2-124　等分点与等分拱桥

②在线上加反向等距点：单击线上的关键点，沿线移动鼠标再单击，在弹出的【线上反向等分点】对话框中输入数据，单击【确定】即可，如图2-125所示。

③等分线段：在快捷工具栏等分数中输入份数，再用左键在线上单击即可。如果在局

图2-125 【线上反向等分点】对话框

部线上加等分点或等分拱桥，单击线的一个端点后，再在线中单击一下，再单击另外一端即可。如果等分数小于10，直接敲击小键盘数字键就是等分数。

8. 点 ◢ (P)

（1）功能：在线上定位加点或空白处加点，适用于纸样、结构线。

（2）操作。

①用该工具在要加点的线上单击，靠近点的一端会出现亮星点，并弹出【点的位置】对话框。

②输入数据，单击【确定】即可。

注：在个别情况下，亮星点不会出现在您所要的位置时。如图2-126所示，在线段AB距离点A 2cm位置加一个点，选中该工具把光标移在目标位置A，按住左键拖鼠标至另一位置B松手，再在选中线上单击，就可确定位置。

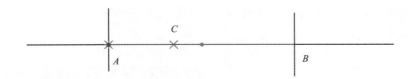

图2-126 线段加点

9. 圆规 A (C)

（1）功能。

①单圆规：作从关键点到一条线上的定长直线。常用于画肩斜线、夹直、裤子后腰、袖山斜线等。

②双圆规：通过指定两点，同时作出两条指定长度的线。常用于画袖山斜线、西装驳头等。纸样、结构线上都能使用。

（2）操作。

①单圆规：以后片肩斜线为例，用该工具单击领宽点，释放鼠标，再单击落肩线，弹出【单圆规】对话框，如图2-127所示，输入小肩的长度，单击【确定】即可。

②双圆规：袖肥一定，根据前后袖山弧线定袖山点，分别单击袖肥的两个端点A点和B点，向线的一边拖动并单击后弹出【双圆规】对话框，输入第1边和第2边的数值，单击【确定】，找到袖山点，如图2-128所示。

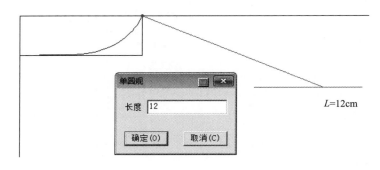

图2-127　【单圆规】对话框

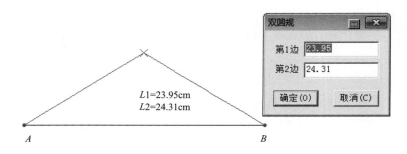

图2-128　【双圆规】对话框

（3）技巧：双圆规的偏移功能，作牛仔裤后袋。如图2-129所示，选中A、B两点，再把鼠标移在点C上按Enter键，在弹出的【移动量】对话框中输入适当的数值，点击【确定】，作出线AC'和BC'。

图2-129　【移动量】对话框

10. 剪断线 ✂ （Shift+C）

（1）功能：用于将一条线从指定位置断开，变成两条线，也能同时用一条线打断多条线。或把多段线连接成一条线。可以在结构线上操作也可以在纸样辅助线上操作。

（2）操作：剪断线 ✂ 光标与 ⊢ 连接光标，两者之间用Shift键来切换。

①剪断单条线。

A．用该工具在需要剪断的线上单击，线变色，再在非关键上单击，弹出【点的位置】对话框。

B．输入恰当的数值，点击【确定】即可。如果选中的点是关键点（如等分点或两线交点或线上已有的点），直接在该位置单击，则不弹出对话框，直接从该点处断开。

②剪断多条线操作：如图2-130所示，用线 *f* 剪断线 *a*、*b*、*c*、*d*、*e*。用剪断线工具左键框选线 *a*、*b*、*c*、*d*、*e* 后单击右键，再单击线 *f* 即可。

③连接操作：选中该工具用Shift键把光标切换成 ，框选或分别单击需要连接的线，单击右键即可。

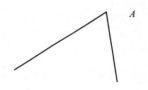

图2-130 剪断多条线操作

11. 关联/不关联

（1）功能：端点相交的线在用调整工具调整时，使用过关联的两端点会一起调整，使用过不关联的两端点不会一起调整。在结构线、纸样辅助线上均可操作。端点相交的线默认为关联。

（2）操作： 关联光标， 不关联光标，两者之间用Shift键来切换。

①用 关联工具框选或单击两线段，即可关联两条线相交的端点，如图2-131所示。

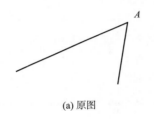

(a) 原图

(b) 关联后，调整一条线的端点，
另一条线的端点也同时移动

图2-131 关联线条

②用 不关联工具框选或单击两线段，即可不关联两条线相交的端点，如图2-132所示。

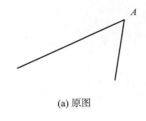

(a) 原图

(b) 不关联后，调整一条线的端点，
另一条线的端点不会同时移动

图2-132 不关联线条

12. 橡皮擦 （E）

（1）功能：用来删除结构图上点、线，纸样上的辅助线、剪口、钻孔、省褶、缝迹线、绗缝线、放码线、基准点（线放码）等。

（2）操作：用该工具直接在点、线上单击即可。如果要擦除集中在一起的点、线，左键框选即可。

13. **比较长度** （R）

（1）功能：用于测量一段线的长度、多段线相加所得总长、比较多段线的差值，也可以测量剪口到点的长度。在纸样、结构线上均可操作。

（2）操作：选线的方式有点选（在线上用鼠标左键单击）、框选（在线上用左键框选）、拖选（单击线段起点按住鼠标不放，拖动至另一个点）三种方式。

①测量一段线的长度或多段线之和：选择该工具，弹出【长度比较】对话框（图2-133）；在长度、水平X、垂直Y选择需要的选项；选择需要测量的线，长度即可显示在表中。

②比较多段线的差值。如图2-134所示，比较袖山弧长与前后袖窿的差值：选择该工具，弹出【长度比较】对话框；选择【长度】选项；单击或框选袖山曲线后单击右键，再单击或框选前后袖窿曲线。

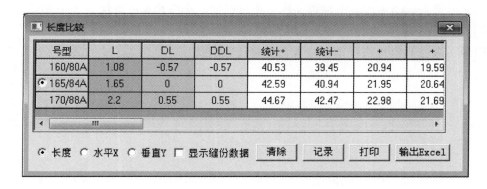

号型	L	DL	DDL	统计+	统计-	+	+
160/80A	1.08	-0.57	-0.57	40.53	39.45	20.94	19.59
165/84A	1.65	0	0	42.59	40.94	21.95	20.64
170/88A	2.2	0.55	0.55	44.67	42.47	22.98	21.69

图2-133　【长度比较】对话框

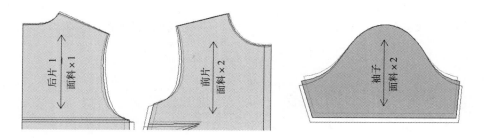

图2-134　袖山弧长与前后袖笼窿的差值

（3）参数说明（图2-135）。

①L：表示【统计+】与【统计-】的差值。

②DL（绝对档差）：表示L各码与基码的差值。

③DDL（相对档差）：表示L各码与相邻码的差值。

④统计+：单击右键前选择的线长总和。

⑤统计-：单击右键后选择的线长总和。

⑥长度：如果选中线的为曲线，这里就是曲度长度；如果选中线为直线，这里就是直线的长度。

⑦水平X：指选中线两端的水平距离。

⑧垂直Y：指选中线两端的垂直距离。

⑨清除：单击可删除选中表文本框中的数据。

⑩记录：点击可把L下边的差值记录在"尺寸变量"中，当记录两段线（包括两段线）以上的数据时，会自动弹出【尺寸变量】对话框。

⑪打印：单击可打印当前的统计数值与档差。

注：该工具默认是比较长度，按Shift键可切换成测量两点间距离；当边线点和辅助线点重合时，用该工具时按Ctrl键匹配辅助线点，不按匹配边线点。

14. 测量两点间距离

（1）功能：用于测量两点（可见点或非可见点）间或点到线的直线距离、水平距离、垂直距离，两点多组间距离总和或两组间距离的差值。在纸样、结构线上均能操作，在纸样上可以匹配任何号型。

（2）操作：切换成该工具后，分别单击肩点与中心线，弹出【测量】对话框，即可显示两点间的直线距离、水平距离、垂直距离。如图2-136所示，如测量肩点至中心线的垂直距离。

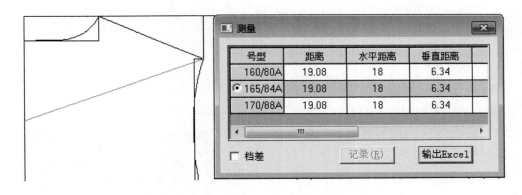

号型	距离	水平距离	垂直距离
160/80A	19.08	18	6.34
165/84A	19.08	18	6.34
170/88A	19.08	18	6.34

图2-135　测量肩点至中心线的垂直距离

（3）参数说明。

①距离：两组数值的直线距离差值。

②水平距离：两组数值的水平距离差值。

③垂直距离：两组数值的垂直距离差值。

④档差：勾选档差，基码之外的码以档差显示数据。

⑤记录：点击可把距离数据记录在"尺寸变量"中。

15. 量角器

（1）功能：在纸样、结构线上均能操作。

（2）操作。

①测量一条线的水平夹角、垂直夹角：用左键框选或点选需要测量的一条线，单击右键，弹出【角度测量】对话框，如图2-136所示，测量肩斜线AB的角度。

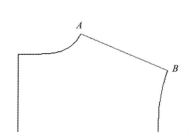

图2-136 【角度测量】对话框

②测量两条线的夹角：框选或点选需要测量的两条线，单击右键，弹出【角度测量】对话框，显示的角度为单击右键位置区域的夹角。如图2-137所示，测量后幅肩斜线与夹圈的角度。

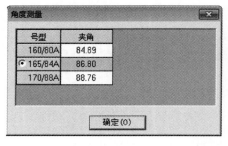

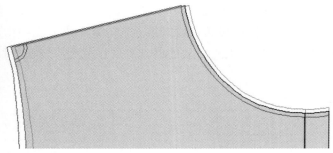

图2-137 测量两条线的夹角

③测量三点形成的角：如图2-138所示，测量点A、点B、点C三点形成角度，先单击点A，再分别单击点B、点C，即可弹出【角度测量】对话框。

④测量两点形成的水平角、垂直夹角：按Shift键，点击需要测量的两点，即可弹出【角度测量】对话框，如图2-139所示，测量点B、点C的角度。

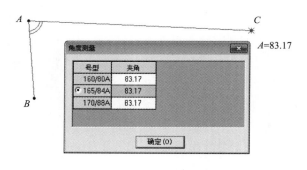

图2-138 测量三点形成的角

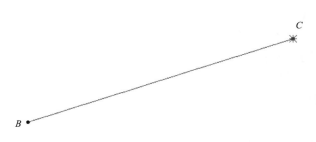

图2-139 测量两点形成的水平角、垂直夹角

16. 旋转 🔲（Ctrl+B）

（1）功能：用于旋转复制或旋转一组点、或线、或文字。用于结构线与纸样辅助线。

（2）操作：单击或框选旋转的点、线，单击右键；单击一点，以该点为轴心点，再单击任意点为参考点，拖动鼠标旋转到目标位置。

（3）说明：该工具默认为旋转复制，复制光标为⁺🖱，旋转复制与旋转用Shift键来切换，旋转光标为⁺🖱。

17. 对称工具 🔼（K）

（1）功能：根据对称轴对称复制（对称移动）结构线或纸样。

（2）操作。

①该工具可以在线上单击两点或在空白处单击两点，作为对称轴。

②框选或单击所需复制的点线或纸样，单击右键完成。

（3）说明。

①该工具默认为复制，复制光标为⁺🖱，复制与移动用Shift键来切换，移动光标为⁺🔼。

②对称轴默认画出的是水平线或垂直线45°方向的线，单击右键可以切换成任意方向。

18. 🔳移动（G）

（1）功能：用于复制或移动一组点、线、扣眼、扣位等。

（2）操作。

①用该工具框选或点选需要复制或移动的点线，单击右键。

②单击任意一个参考点，拖动到目标位置后单击即可。

③单击任意参考点后，单击右键，选中的线在水平方向或垂直方向上镜像，如图2-140所示。

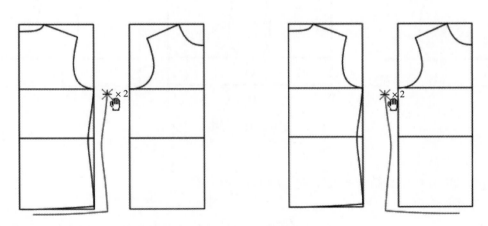

图2-140　复制线条

（3）说明。

①该工具默认为复制，复制光标为⁺×2，复制与移动用Shift键来切换，移动光标为⁺🖱。

②按Ctrl键，在水平或垂直方向上移动。

③复制或移动时按Enter键，弹出【位置偏移】对话框。

④对纸样边线只能复制不能移动，即使在移动功能下移动边线，原来纸样的边线不会被删除。

19. **对接** 🔂（J）

（1）功能：用于把一组线向另一组线上对接。如图2-141（a）所示，把后幅的线对接到前幅上。

（2）操作。

①操作一。

A. 如图2-141（b）所示，用该工具让光标靠近领宽点，单击后幅肩斜线。

B. 单击前幅肩斜线，光标靠近领宽点，单击右键。

C. 框选或单击后幅需要对接的点线，最后单击右键完成。

②操作二。

A. 如图2-141（c）所示，用该工具依次单击1、2、3、4点。

B. 再框选或单击后幅需要对接的点线，击右键完成。

（3）说明：该工具默认为对接复制，光标为 🔂，对接复制与对接用Shift键来切换，对接光标为 🔂。

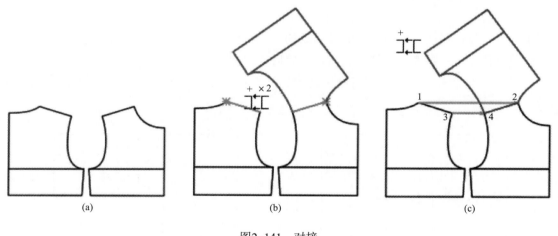

（a）　　　　　　　　（b）　　　　　　　　（c）

图2-141　对接

20. **剪刀** ✂（W）

（1）功能：用于从结构线或辅助线上拾取纸样。

（2）操作。

①方法一：用该工具单击或框选围成纸样的线，最后单击右键，系统按最大区域形成纸样，如图2-142（a）所示。

②方法二：按住Shift键，用该工具单击形成纸样的区域，则有颜色填充，可连续单击多个区域，最后单击右键完成，如图2-142（b）所示。

③方法三：用该工具单击线的某端点，按一个方向单击轮廓线，直至形成闭合的图形。拾取时如果后面的线变成绿色，单击右键则可将后面的线一起选中，完成拾样，如图2-142（c）所示。

注：单击线、框选线、按住Shift键单击区域填色，第一次操作为选中，再次操作为取消选中。三种操作方法都是在最后单击右键形成纸样，即可变成衣片辅助线工具。

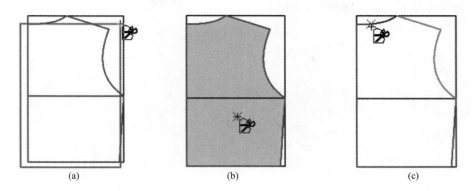

(a)　　　　　　　(b)　　　　　　　(c)

图2-142　剪切纸样

（3）说明：选中剪刀，单击右键可切换成衣片拾取辅助线工具。

21. 衣片辅助线

（1）功能：从结构线上为纸样拾取内部线。

（2）操作。

①选择剪刀工具，单击右键光标变成 $^+$ 。

②单击纸样，相对应的结构线变蓝色。

③用该工具单击或框选所需线段，单击右键即可。

④如果希望将边界外的线拾取为辅助线，那么如果是在直线上，需要点选两个点，在曲线上，需要点击3个点来确定。

（3）说明：在该工具状态下，按住Shift键，单击右键可弹出【纸样资料】对话框。

22. 拾取内轮廓

（1）功能：在纸样内挖空心图。可以在结构线上拾取，也可以将纸样内的辅助线形成的区域挖空。

（2）在结构线上拾取内轮廓操作。

①用该工具在工作区纸样上击右键两次选中纸样，纸样的原结构线变色，如图2-143（a）所示。

②单击或框选要生成内轮廓的线。

③最后单击右键，如图2-143（b）所示。

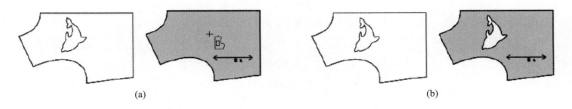

(a)　　　　　　　　　　　　(b)

图2-143　拾取内轮廓

（3）辅助线形成的区域挖空纸样操作。

①用该工具单击或框选纸样内的辅助线。

②最后单击右键完成，如图2-144所示。

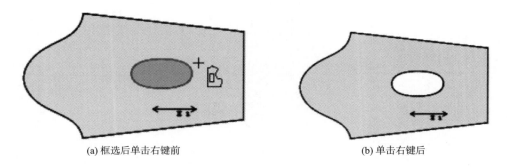

(a) 框选后单击右键前 　　　　　　　　　(b) 单击右键后

图2-144　辅助线形成的区域挖空纸样

23. **设置线的颜色类型**

（1）功能：用于修改结构线的颜色、线类型、纸样辅助线的线类型与输出类型。

（2）说明：图2-145（a）用来设置线条粗细和虚实属性；图2-145（b）用来设置各种自定义线条类型；图2-145（c）用来设置纸样内部线是绘制、全刀切割还是半刀切割。

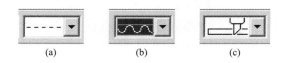

(a) 　　　　　　　(b) 　　　　　　　(c)

图2-145　线的类型

（3）操作。

①选中线型设置工具，快捷工具栏右侧会弹出颜色、线类型及切割与笔画属性的选择框，如图2-146所示。

图2-146　设置线的颜色和类型

②选择合适的颜色、线型等。

③设置线型及切割状态，用左键单击线或左键框选线。

④设置线的颜色，用右键单击线或右键框选线。

如果把原来的细实线改成虚线长城线，选中该工具，在 中选择适合的虚线，在 中选择长城线，用左键单击或框选需要修改的线即可。如果要把原来的细实线改为虚线，在 中选择适合的虚线，用左键单击或框选需要修改的线即可。

24. **线型尺寸的设置操作**

（1）说明。

①只对特殊的线型，如波浪线、折折线、长城线有效。

②选中这些线型中的其中一种，光标上显示线型的回位长和线宽，可用键盘输入数据更改回位长和线宽，第一次输入的数值为回位长，敲回车键再输入的数值为线宽，再敲回车确定。

③在需要修改的线上用左键单击线或左键框选线即可。

（2）提示：按住Shift键，用该工具在纸样辅助线上单击或框选，辅助线就变成临时辅助线，临时辅助线可以不参与绘图，也可以隐藏；放码时隐藏临时辅助线放码时更直观。

25. **线条笔画与切割属性的设置操作**

可以对挂钉、磁铁位置、定位圆和一些要切透的地方进行设置添加切割功能，在模板中起到极大作用（图2-147）。

图2-147　线条切割属性

26. **加入/调整工艺图片**

（1）功能。

①与【文档】菜单的【保存到图库】命令配合制作工艺图片。

②调出并调整工艺图片。

③可复制位图应用于办公软件中。

（2）操作。

①加入（保存）工艺图片。

A. 用该工具分别单击或框选需要制作的工艺图的线条，单击右键即可看见图形被一个虚线框框住（图2-148）。

B. 单击【文档】→【保存到图库】命令。

C. 弹出【保存工艺图库】对话框，选好路径，在文件栏内输入图的名称，单击【保存】即可增加一个工艺图。

注：用该工具第一次单击或框选点线或字符串时为选中，再次单击或框选为取消选中。

②调出并调整工艺图片有两种情况。

图2-148　框选图形

A. 在空白处调出。

a. 用该工具在空白处单击，弹出【工艺图库】对话框（图2-149）。

b. 在所需的图上双击，即可调出该图。

c. 在空白处单击左键为确定，单击右键弹出【比例】对话框。

注：在打开【工艺图库】对话框时，选中图再单击右键即可修改文件名。

工艺图片的调整见表2-3。工艺图片的比例调整：用该工具框住整个结构线，单击右键两次，弹出【比例】对话框（图2-150）。在对话框内，输入想要改变的比例，单击确定即可。

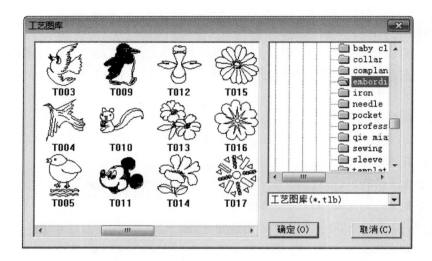

图2-149 【工艺图库】对话框

表2-3 工艺图片调整表

标识	操作
移动	当鼠标指针放在矩形框内，指针变为左图中形状，单击移动鼠标到适当位置后，再单击左键即可
水平拉伸	当鼠标指针放在矩形框左右边框线上，指针变为左图中形状，单击拖动鼠标到适当位置后，再单击左键即可
垂直拉伸	当鼠标指针放在矩形框上下边框线上，指针变为左图中形状，单击拖动鼠标到适当位置后，再单击左键即可
旋转	当鼠标指针放在矩形框的四个边脚上时，指针变为左图中形状，单击拖动鼠标到适当位置后，再单击左键即可
按比例拉伸	当鼠标指针放在矩形框的四个边脚上时，按住Ctrl键，指针变为左图中形状，单击拖动鼠标到适当位置后，再单击左键即可

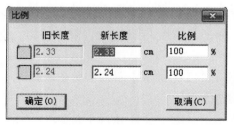

图2-150 工艺图片比例调整

B. 在纸样上调出。

a．用该工具在纸样上单击，弹出【工艺图库】对话框。

b．在所需的图上双击，即可调出该图。

c．在确认前，按Shift键在组件与辅助线间切换。

注：组件是一个整体，调整、移动或旋转时用调整工具，操作与上述"工艺图片的调整"相同。

③复制位图。用该工具框选结构线，单击右键，编辑菜单下的复制位图命令激活，单击之后可粘贴在Word、Excel等文件中。

模板中的主要用途：在软件中设计好的花型可在软件中进行长久保存，便于随时取出调用（图2-151）。

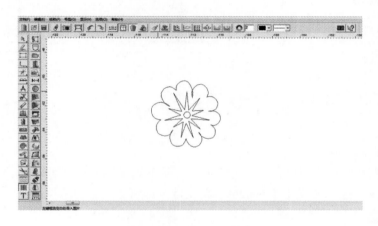

图2-151　调出花型图

27．加文字工具 T

（1）功能：用于在结构图上或纸样上加文字、移动文字、修改和删除文字及调整文字的方向，且各个码上的文字内容可以不一样。

（2）操作。

①加文字。

A．第一种操作：用该工具在结构图上或纸样上单击，弹出【文字】对话框；输入文字，单击【确定】即可。

B．第二种操作：按住鼠标左键拖动，根据所画线的方向确定文字的角度。

②移动文字：用该工具在文字上单击，文字被选中，拖动鼠标移至恰当的位置再次单击即可。

③修改或删除文字。有两种操作方式：把该工具光标移在需修改的文字，当文字变亮后击右键，弹出【文字】对话框，修改或删除后，单击确定即可；把该工具移在文字上，字发亮后，敲Enter键，弹出【文字】对话框，选中需修改的文字输入正确的信息即可被修改，按Delete键，即可删除文字，按方向键可移动文字位置。

④调整文字的方向：把该工具移在要修改的文字上，单击鼠标左键不松手，移动鼠标到目标方向松手即可。

⑤不同号型上加不一样的文字。

A．用该工具在纸样上单击，在弹出的【文字】对话框输入"女衬衫S码"（图2-153）。

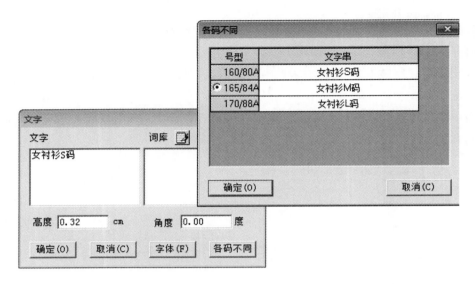

图2-152 【文字】对话框

B．单击【各码不同】按钮，在弹出的【各码不同】对话框中，修改对应号型的字符串。

C．单击确定，返回【文字】对话框，再次确定即可。

（3）参数说明。

①文字：用于输入需要的文字。

②角度：用于设置文字排列的角度。

③高度：用于设置文字的大小。

④字体：单击弹出【字体】对话框，其中可以设置T文字字体、字形、颜色（只针对结构线）以及统一修改款式中的所有T文字字体、高度。

⑤各码不同：只有在不同号型上加的文字不一样时应用。

（4）特殊说明：文字位置放码操作，用选择纸样控制点工具 选中文字，用点放码表来放。

三、纸样工具栏（图2-153）

图2-153 纸样工具栏

1. **选择纸样控制点**

（1）功能：用来选中纸样、选中纸样上边线点、选中辅助线上的点、修改点的属性、选中剪口。

（2）操作。

①选中纸样：用该工具在纸样上单击即可，如果要同时选中多个纸样，只要框选各纸样的一个放码点即可。

②选中纸样边上的点。

A. 选单个放码点，用该工具在放码点上用左键单击或用左键框选。

B. 选多个放码点，用该工具在放码点上框选或按住Ctrl键在放码点上一个、一个单击。

C. 选单个非放码点，用该工具在点上用左键单击。

D. 选多个非放码点，按住Ctrl键在非放码点上一个、一个单击。

E. 按住Ctrl键时第一次在点上单击为选中，再次单击为取消选中。

F. 同时取消选中点，按Esc键或用该工具在空白处单击。

G. 选中一个纸样上的相邻点，如图2-154（a）所示，选袖窿，用该工具在点A上按下鼠标左键拖至点B再松手，图2-154（b）为选中状态。

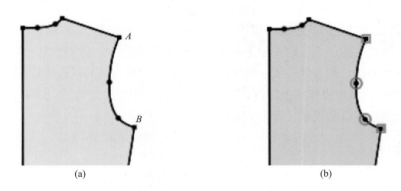

(a)　　　　　　　　　　　　　　　　(b)

图2-154　选择纸样控制点

③辅助线上的放码点与边线上的放码点重合时：用该工具在重合点上单击，选中的为边线点；在重合点上框选，边线放码点与辅助线放码点全部选中；按住Shift键，在重合位置单击或框选，选中的是辅助线放码点。

④修改点的属性：在需要修改的点上双击，弹出【点属性】对话框，修改之后单击采用即可；如果选中的是多个点，按回车键即可弹出【点属性】对话框，如图2-155所示。

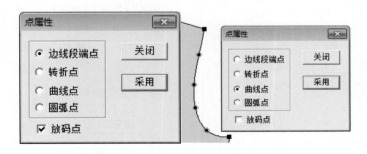

图2-155　【点属性】对话框

⑤选中剪口：用该工具选中剪口，可对剪口放码。

（3）技巧。

①用该工具在点上击右键，则该点在放码点与非放码点间切换。

②如果只在转折点与曲线点之间切换，可用Shift+右键。

2. **缝迹线** ⬚

（1）功能：在纸样边线上加缝迹线、修改缝迹线类型以及虚线宽度。

（2）操作。

①加定长缝迹线：用该工具在纸样某边线点上单击，弹出【缝迹线】对话框，选择所需缝迹线，输入缝迹线长度及间距，确定即可；如果该点已经有缝迹线，那么会在对话框中显示当前的缝迹线数据，修改即可。

②在一段线或多段线上加缝迹线：用该工具框选或单击一段或多段边线后击右键，在弹出的对话框中选择所需缝迹线，输入缝迹线间距，确定即可。

③在整个纸样上加相同的缝迹线：用该工具单击纸样的一个边线点，在对话框中选择所需缝迹线，缝迹线长度输入0即可；或框选所有的线后击右键。

④在两点间加不等宽的缝迹线：用该工具顺时针选择一段线，即在第一控制点按下鼠标左键，拖动到第二个控制点上松开，弹出【缝迹线】对话框，选择所需缝迹线，输入线间距，确定即可；如果这两个点中已经有缝迹线，那么会在对话框中显示当前的缝迹线数据，修改即可。

⑤删除缝迹线：用橡皮擦单击即可；也可以在直线类型与曲线类型中选第一种无线型。

（3）定长缝迹线参数说明（图2–156）。

①A表示第一条线距边线的距离，值大于0表示缝迹线在纸样内部，值小于0表示缝迹线在纸样外部。

②B表示第二条线与第一条线的距离，计算的时候取其绝对值。

③C表示第三条线与第二条线的距离，计算的时候取其绝对值。

④自定义虚线：▬ ▪ 指线的长度，▬▪▬ 指线与线间的距离。

（4）两点间缝迹线参数说明（图2–157）。

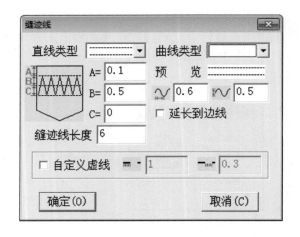

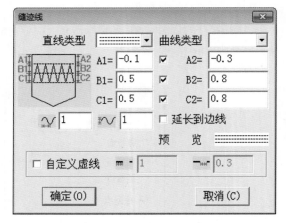

图2–156　定长缝迹线参数说明　　　　图2–157　两点间缝迹线参数说明

①A1大于0表示缝迹线在纸样内部，A1小于0表示缝迹线在纸样外部，A1、A2表示第一条线距边线的距离。

②B1和B2表示第二条线与第一条线的距离，计算的时候取其绝对值。

③C1和C2表示第三条线与第二条线的距离，计算的时候取其绝对值。

这三条线要么在边界内部，要么在边界外部。在两点之间添加缝迹线时，可作出起点、终点距边线不相等的缝迹线，并且缝迹线中的曲线高度都是统一的，不会进行拉伸。

3. 绗缝线

（1）功能：在纸样上添加绗缝线、修改绗缝线类型、修改虚线宽度。

（2）操作。

①同一个纸样添加相同绗缝线。

A. 用该工具单击纸样，纸样边线变色，如图2–158所示。

B. 单击参考线的起点、终点（既可以是边线上的点，也可以是辅助线上的点），弹出绗缝线对话框（图2–159）。

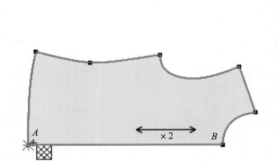

图2-158　选择纸样

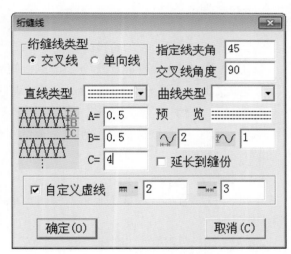

图2-159　【绗缝线】对话框

C. 选择合适的线类型，输入恰当的数值，确定即可（图2–160）。

②同一个纸样添加不同的绗缝线。

A. 用绗缝线工具按顺时针方向选中点A、B、C、D，这部分纸样的边线变色，选择参考线后，弹出【绗缝线】对话框。

B. 选择合适的线类型，输入恰当的数值后点击【确定】。

C. 用同样的方法选中点D、C、E、F、G，选择合适的线类型，输入恰当的数值后点击【确定】，即可作出图2–161所示的绗缝线。

③修改绗缝线操作：用该工具在有绗缝线的纸样上击右键，会弹出相应参数的【绗缝线】对话框，修改后点击【确定】即可。

④删除绗缝线操作：既可以用【橡皮擦】，也可以用该工具在有绗缝线的纸样上单击鼠

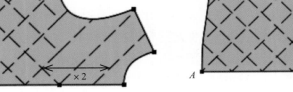

图2-160　设置线型　　　　　　　图2-161　同一纸样不同绗缝线

标右键，在直线类型与曲线类型中选第一种无线型。

（3）参数说明。

①绗缝线类型：选择交叉线时，在交叉线角度中输入角度值；选择单向线时，作出的绗缝线都是平行的。

②直线类型：选三线时，A表示第二条线与第一条线间的距离；B表示第三条线与第二条线间的距离。选两线时，B中的数值无效；选单线时，A与B中的数值都无效；C表示两组绗缝线间的距离。

③曲线类型： ⌄□ 表示曲线的宽度， ⌄□ 表示曲线的高度。

④勾选 □延长到缝份 ，表示绗缝线会延长在缝份上，不勾选表示不会延长在缝份上。

⑤自定义虚线： ▥ 指线的长度， ▥ 指线与线间的距离。

4．行走比拼 ▱

（1）功能：一个纸样的边线在另一个纸样的边线上行走时，可调整内部线对接是否圆顺，也可以加剪口。

（2）操作。

①如图2-162所示，用该工具依次单击点B、点A，纸样二拼在纸样一上，并弹出【行走比拼】对话框。

②继续单击纸样边线，纸样二就在纸样一上行走，此时既可以打剪口，也可以调整辅助线。

③最后单击右键完成操作。

④比拼后沿着侧缝线向上行走，选择没有交的线，移动到要交的另一片线中，保持绗缝线在缝制后可以交到一起，最后右键结束两片分开。此方法用于模板两片纸样缝制后对应绗

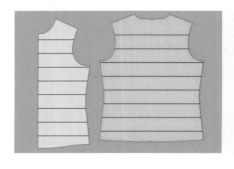

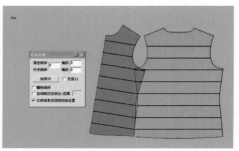

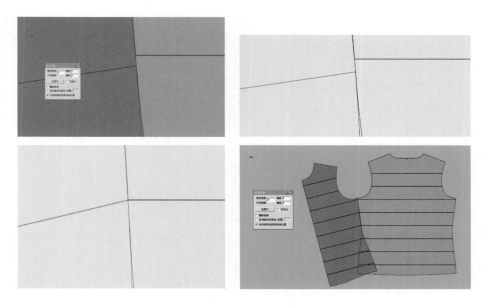

图2-162 行走比拼

缝线不相交的调整。

（3）说明。

①如果比拼的两条线为同边情况，如图2-163所示，线a、线b比拼时纸样间为重叠，操作前按住Ctrl键。

②在比拼中，按住Shift键，分别单击控制点或剪口可重新开始比拼。

（4）参数说明（图2-164）。

①固定纸样和行走纸样后的数据框指加等长剪口时距起始点的长度。

②固定纸样和行走纸样后的偏移指加剪口时所加的容量。

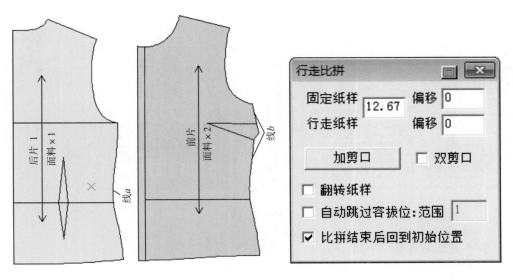

图2-163 同边情况行走比拼　　　　图2-164 【行走比拼】对话框

③翻转纸样比拼时，勾选则行走纸样翻转一次，去掉勾选则行走纸样再翻转一次。

④勾选【自动跳过容拔位：范围】，后面的数据框激活，当对到两剪口时，在显示的范围内两剪口能自动对上位。

⑤勾选【比拼结束后回到初始位置】，比拼结束后行走纸样回到比拼前的位置；反之，行走纸样处于结束前的位置。

5. 旋转衣片

（1）功能：用于旋转纸样。

（2）操作。

①对单个纸样。

A．如果布纹线是水平或垂直的，用该工具在纸样上单击右键，纸样按顺时针90°旋转，按Shift+右键单击，纸样按逆时针旋转90°；如果布纹线不是水平或垂直的，用该工具在纸样上单击右键，纸样旋转在布纹线水平或垂直方向。

B．用该工具单击左键选中两点，移动鼠标，纸样以选中的两点在水平或垂直方向上旋转。

C．按住Ctrl键，用左键在纸样上单击两点，移动鼠标，纸样可随意旋转。

D．按住Ctrl键，在纸样上击右键，可按指定角度旋转纸样。

②对多个纸样。

A．框选纸样后，单击右键可以将纸样顺时针旋转90°。

B．框选纸样后，按住Shift键，单击右键纸样则逆时针旋转90°。

C．在空白处单击左键或按ESC键退出该操作。

注：旋转纸样时，布纹线与纸样同步旋转。

（3）用途：可调节衣片在模板中的摆置方向从而节约模板的使用，如图2-165所示。

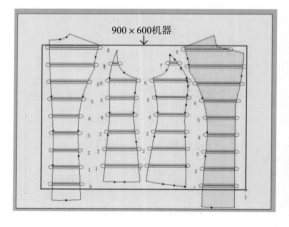
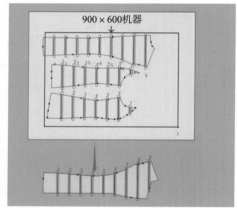

图2-165　旋转衣片

6. 水平垂直翻转

（1）功能：用于将纸样翻转。

（2）操作。

①对单个纸样翻转。

A．水平翻转与垂直翻转间用Shift键切换。

B．在纸样上直接单击左键即可。

C．纸样设置了左或右，翻转时会提示"是否翻转该纸样"（图2-166）。

D．如果真的需要翻转，单击【是（Y）】即可。

②对多个纸样翻转。用该工具框选要翻转的纸样后击右键，所有选中纸样即可翻转，在空白处单击左键或按Esc键退出该操作。

（3）用途：用于纸样水平、垂直翻转，如图2-167所示。

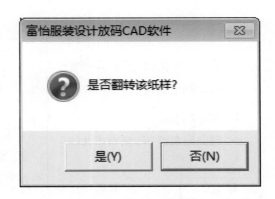

图2-166　【是否翻转该纸样】对话框

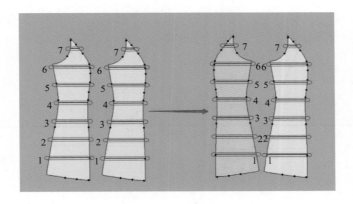

图2-167　多个纸样翻转

7．水平垂直校正

（1）功能：将一段线校正成水平或垂直状态。如图2-168所示，将图2-168（a）线段AB校正至图2-168（b），常用于校正读图纸样。

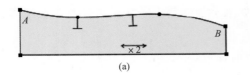
(a)

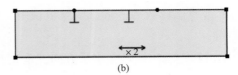
(b)

图2-168　校正纸样

（2）操作。

①按Shift键把光标切换成水平校正（垂直校正为）。

②用该工具单击或框选AB后单击右键，弹出【水平垂直校正】对话框，如图2-169所示。

③选择合适的选项，单击【确定】即可。

注：这是修正纸样不是摆正纸样，纸样尺寸会有变化，因此一般情况下只用于微调。

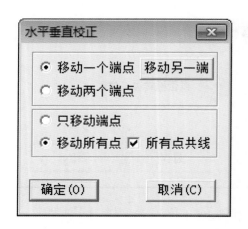

图2-169 【水平垂直校正】对话框可，如图2-170所示。

8. 重新顺滑曲线

（1）功能：用于调整曲线并且关键点的位置保留在原位置，常用于处理读图纸样。

（2）操作。

①用该工具单击需要调整的曲线，此时原曲线处会自动生成一条新的曲线。如果中间没有放码点，新曲线为直线；如果曲线中间有放码点，新曲线默认通过放码点。

②用该工具单击原曲线上的控制点，新的曲线就吸附在该控制点上；再次在该点上单击，又脱离新曲线。

③新曲线达到满意后，在空白处再单击右键即可。

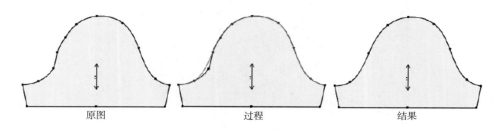

图2-170 重新顺滑曲线

9. 曲线替换

（1）功能。

①功能一：结构线上的线与纸样边线间互换。

②功能二：把纸样上的辅助线变成边线（原边线也可转换辅助线）。

（2）操作。

①功能一操作。

A. 单击或框选线的一端，线就被选中。如果选择的是多条线，第一条线须用框选，最后单击右键。

B. 单击右键选中线可在水平方向、垂直方向翻转。

C. 移动光标在目标线上，再用左键单击即可。

图2-171为一个纸样上的边线替换另一个纸样上的边线。

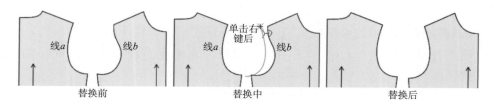

图2-171 纸样边线替换

②功能二操作。用该工具点选或框选纸样辅助线后，光标会变成🔲（按Shift键光标会变成🔲），单击右键即可，如图2-172所示。🔲与🔲可用Shift键切换，🔲原边线不保留，🔲原边线变成辅助线。

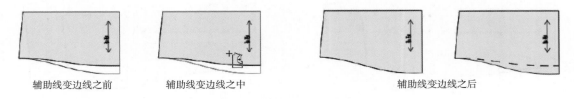

辅助线变边线之前　　辅助线变边线之中　　辅助线变边线之后

图2-172　辅助线与边线替换

③两点间曲线替换操作。

A. 把图2-173（a）纸样变成图2-173（b），用该工具选中线c后，从点A拖选至点B。

B. 把图2-173（a）纸样变成图2-173（c），用该工具选中线c后，从点B拖选至点A。

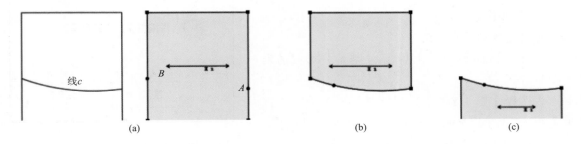

（a）　　　　　　　　　（b）　　　　　　　　　（c）

图2-173　两点间曲线替换

10. 纸样变闭合辅助线 🔲

（1）功能：将一个纸样变为另一个纸样的闭合辅助线。

（2）操作：将图2-174（a）纸样变为图2-174（b）纸样的闭合辅助线。

①用该工具在A纸样的关键点上单击，再在B纸样的关键点上单击即可（或敲回车键偏移）。

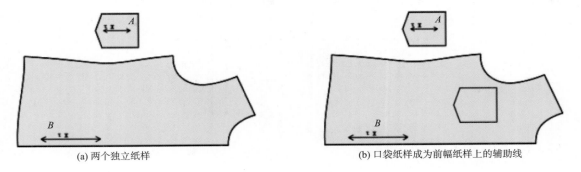

（a）两个独立纸样　　　　　　　（b）口袋纸样成为前幅纸样上的辅助线

图2-174　纸样变闭合辅助线 I

②将口袋纸样按照后片纸样中辅助线方向变成闭合辅助线，用该工具先拖选AB，再拖选CD，如图2-175所示。

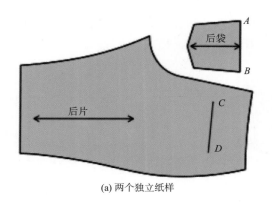
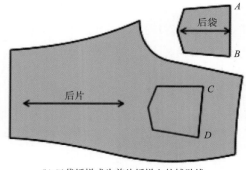

(a) 两个独立纸样　　　　　　　(b) 口袋纸样成为前片纸样上的辅助线

图2-175　纸样变闭合辅助线Ⅱ

11. 分割纸样

（1）功能：将纸样沿辅助线剪开。

（2）操作。

①选中分割纸样工具。

②在纸样的辅助线上单击，弹出下列对话框（图2-176）。

③选择【是（Y）】，根据基码对齐剪开，选择【否（N）】以显示状态剪开，如图2-177所示。

（3）应用如图2-178所示。

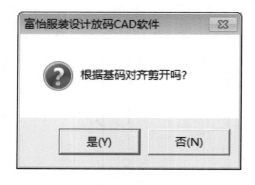

图2-176　【根据基码对齐剪开】对话框

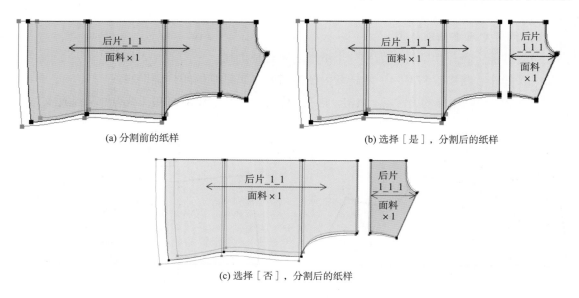

(a) 分割前的纸样　　　　　　　(b) 选择［是］，分割后的纸样

(c) 选择［否］，分割后的纸样

图2-177　分割纸样过程

12. 合并纸样

（1）功能：将两个纸样合并成一个纸样。有两种合并方式：以合并线两端点的连线合

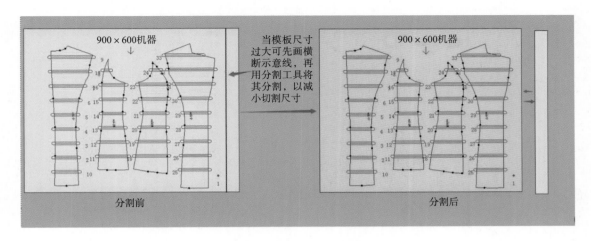

图2-178　模板应用分割纸样

并，以曲线合并。

（2）操作：按Shift键在 ⁺🔲 与 🔲 间切换。当在第一个纸样上单击后按Shift键保留合并线，⁺🔲（🔲）与不保留合并线 ⁺🔲（🔲）间切换，如图2-179所示。选中对应光标后有4种操作方法：直接单击两个纸样的空白处；分别单击两个纸样的对应点；分别单击两个纸样的两条边线；拖选一个纸样的两点，再拖选纸样上两点即可合并。

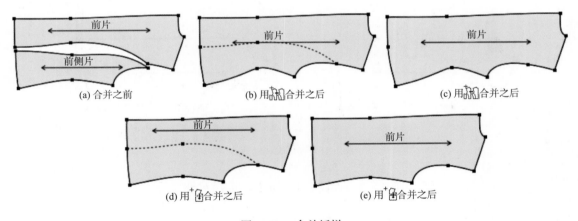

图2-179　合并纸样

（3）合并纸样在模板中的应用，如图2-180所示。

13. 纸样对称 🔲

（1）功能：关联对称后的纸样，在其中一半纸样修改时，另一半也联动修改；不关联对称后的纸样，在其中一半纸样上改动，另一半不会跟着改动；对称标志符功能为在原来纸样的对称轴上加对称标志符。

（2）操作。

①关联对称纸样。

A. 按Shift键，使光标切换为 🔲。

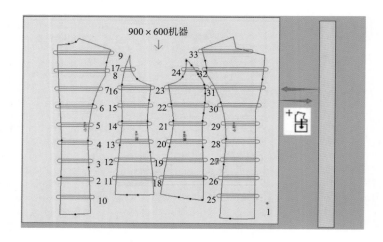

图2-180　模板纸样合并

B．如图2-181（a）所示，单击对称轴（前中心线）或分别单击点A、点B，即出现图2-181（b），如果需再返回成2-181（a）的纸样，用该工具左键按住对称轴不放开，敲Delete键即可。

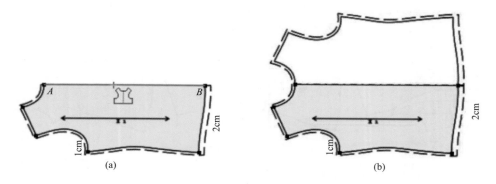

图2-181　关联对称纸样

C．按Shift键，使光标切换为 。如图2-182所示，选择对称标符。

图2-182　关联对称纸样有对称符

②不关联对称纸样（此种对称方式适用于模板制作）。

A．按Shift键，使光标切换为$^+$。

B．如图2-183（a）所示，单击对称轴（前中心线）或分别单击点A、点B，即出现图2-183（b）。

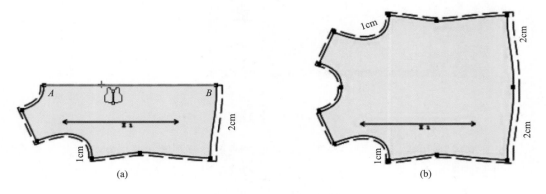

图2-184 不关联对称纸样

（3）说明。

①关联对称：纸样两边全显示，纸样的一半被颜色填充（调整填充的一边时，另一边关联调整），绘图时绘整个纸样。

②关联对称（对称标志符）：只显示对称的一边，在制板系统中绘图时只绘一半（排料中会自动展开生成整体纸样）。

③不关联对称$^+$：显示纸样的全部，调整纸样的一边时，另一边不会跟随调整。如果纸样的两边不对称，选择对称轴后默认保留面积大的一边，如图2-184所示。

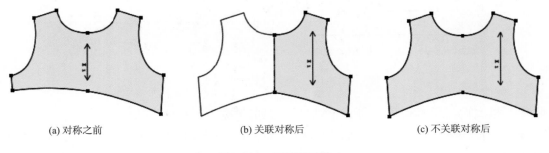

(a) 对称之前　　　　　　　(b) 关联对称后　　　　　　　(c) 不关联对称后

图2-184 不关联对称

四、模板专用工具栏（图2-185）

图2-185 模板专用工具栏

1. 缝制模板工具

（1）创建规则模板。操作方法，用缝制模板工具在空白处进行左键框选，弹出【缝制模板工具】对话框，设置相应的模板大小，按照机器的规格创建，如图2-186所示。

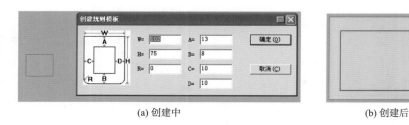

(a) 创建中   (b) 创建后

图2-186　创建规则模板

（2）开槽缝制功能。用缝制模板工具左键框选或点选要开槽和要缝制的线，右键单击结束，弹出【缝制模板】对话框，将对话框内容进行编辑。图2-187是整体的开槽缝制设置。

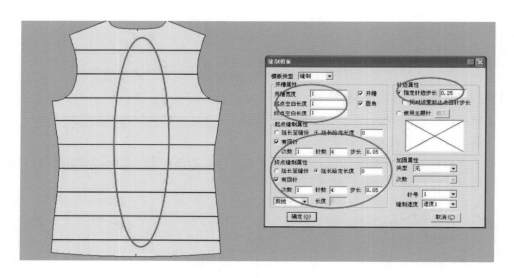

图2-187　整体开槽缝制设置

①开槽属性。开槽宽度1，指pvc塑胶板切割的槽宽，一般分为几种开槽宽度：普通布片用于全自动模板缝纫机，开槽宽度可设置为1cm；对于充绒羽绒服来说，根据机器压脚增加新部件，槽位要增大，开槽宽度一般设定为1.2～1.5cm；对于制作皮革，槽宽可开至1.5cm；普通平车加装模板装置，开槽一般跟随加装的部件大小而定，为0.3～0.4cm；起点空白长度和终点空白长度跟随开槽宽度同步，如图2-188所示。普通家装缝纫机空白长度设置为开槽宽度的一半，如开槽宽度为0.4cm，那么空白长度设置为0.2cm。

②起点/终点缝制属性。

A. 延长至缝份：针对与在富怡软件中利用加做缝工具增加的缝份，线迹在净样时可以勾选直接延长至缝份，如果是其他软件增加的缝份则不可用，如图2-189所示。

B. 延长给定长度：在线迹缝制效果过长或过短，可用此功能进行加或减，如图2-190所示。

图2-188 起点空白长度和终点空白长度的设置

图2-189 延长至缝份   图2-190 延长给定长度

C. 有回针：回针设置分别为起点回针和终点回针，如图2-191所示。次数填1一般是密针的设置方法，想要设置回针可将次数改成2或3；针数是回针的针数，一般2~4针；步长最小为0.05，也可以和针步同步。

③针迹属性：指定针迹步长一般是根据3cm多少针或1cm多少针相除后得出1针的尺寸，输入即可，如图2-192所示。

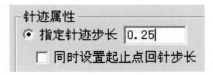

图2-191 回针设置   图2-192 针迹属性设置

④使用主题针：可在里面挑选合适的花型进行缝制，如图2-193所示。

⑤加固属性：逐针加固和整体加固，适用于特殊工序，如整体加固比较适合打枣机中的缝制圆圈来进行整体循环加固，如图2-194所示。

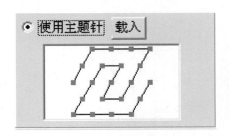

图2-193 使用主题针设置   图2-194 加固属性设置

图2-195　针号设置

⑥针号1和2用于专门的双头换色式全自动模板缝纫机，如1是黑线，2是白线，在开槽过程中选好1/2即可，如图2-195所示。

（3）修改顺序方向功能。

①开槽后顺序较乱时，可用缝制模板工具进行顺序方向修改。步骤：选择缝制模板工具，在键盘中按1，出现 ，开始点每一根线，依次类推，出现序号2、序号3、序号4等。如果只想单独更改某一个序号，可直接敲键盘中的数字，再左键单击要更改的线即可。图2-196为更改前和更改后对比。

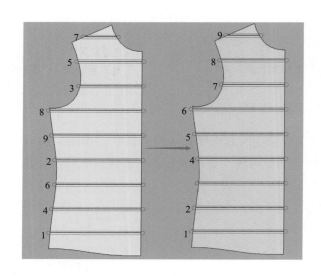

图2-196　顺序更改前后对比

②当线上的数字方向不一致时，可用缝制模板工具进行更改。

③直接用缝制模板工具单击要修改的边，如图2-197所示。

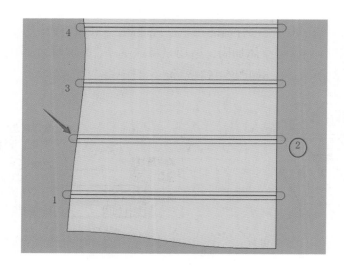

图2-197　修改单一序号

（4）批量修改线迹针布。选择缝制模板工具右击一根要修改的线，弹出【缝制模板】对话框，修改针步，针迹收缩和回针后，勾选批量修改从1～9，如图2-198所示。

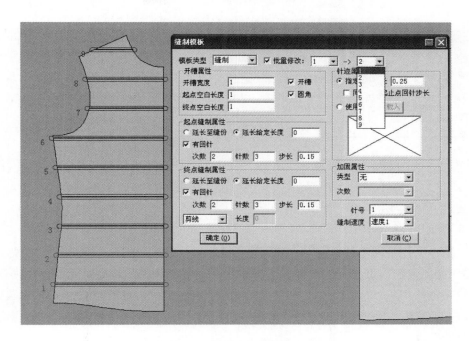

图2-198 批量修改线迹针步

（5）暂停点/对定位点。

①暂停点：有些裁片缝制分两步完成，缝了一部分裁片后，需要暂停一下，把上层模板打开，再放另一部分裁片，盖上模板，再继续缝（上层模板做成活的，在下层不动的情况下可打开）。

②对位点。

A．中 用于检查自动模板机上的针是否对准模板的对位点。操作：按Shift键切换成相应的光标在适当的位置单击即可显示。

B．说明：创建规则模板或普通模板时，软件会自动生成对位点，当不满意时可用该工具来修改。

（6）刀切功能（图2-199）。

①开槽属性：起点/终点属性与缝制属性类似。

②刀切步长：可输入步长大小，一般输入小于刀宽的数值。

③刀切速度：有速度0（高）、速度1、速度2、速度3（低）四种速度选择，根据面料材质设定。

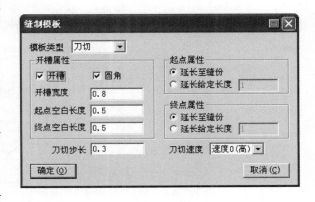

图2-199 刀切对话框

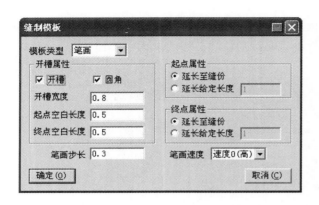

图2-200 【缝制模板】对话框

④刀切步长与刀切速度只适用于自动缝纫机。

（7）笔画功能（图2-200）。

①开槽属性，起点/终点属性与缝制属性类似。

②笔画步长：可输入步长大小。

③笔画速度：有速度0（高）、速度1、速度2、速度3（低）四种速度选择，根据面料材质设定。

④笔画步长与笔画速度只适用于自动缝纫机。

2. **主题针工具**

（1）功能：设计特殊的小花型，用于带设计元素的衣服。

（2）操作：用智能笔工具，勾勒出图的雏形，如画一个1cm×1cm的小方块，在小方块中画要成为元素的花型，中黑线是1×1方块，红线是画好的花型；用等分规工具，对红色线进行分份，保证每一份在0.25cm左右，中蓝色点为分好的距离；用主图库工具，按从左到右的顺序点击蓝色点，开始点和结束点分别在左、右；选取后右击结束保存名称，如图2-201所示。

3. **自动排列缝制顺序**

如图2-202所示，直接对其要修改的顺序，点击确认即可。

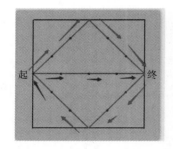

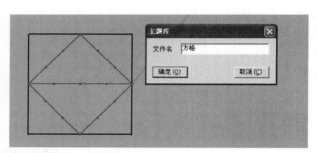

(a) 保存名称后开槽使用

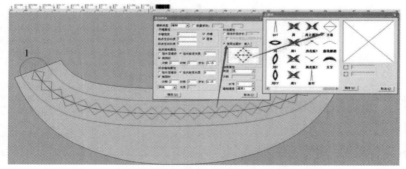

(b) 开槽前

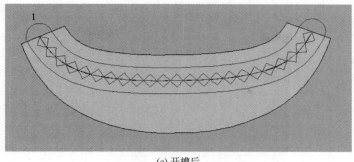

(c) 开槽后

图2-201 主题针工具应用

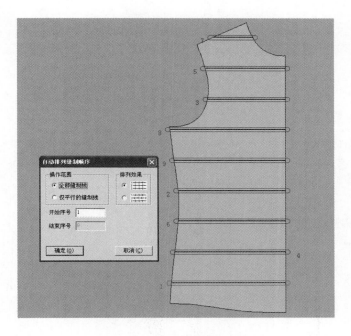

图2-202 自动排列缝制顺序

4. 压线工具 ⬚

用于起针线头在上的操作。步骤：点击压线功能 ⬚，弹出对话框，点击要压线的某一根线变红后进行整体设置，如图2-203所示。

5. 针步属性工具 ⬚

用于某些面料厚、伸缩性强，解决在缝制拐角时可能出现尖角不尖的情况。步骤：选择要调整的角，点击对话框中的调整与补偿，根据布料收缩情况进行适当补偿，如图2-204所示。

6. 绘图 ⬚

（1）功能：按比例绘制/切割模板。文件支持格式为PLT。

（2）操作。

①单击绘图工具 ⬚，把当前绘图仪（切割机）、纸张大小、工作目录设置好（此对话框

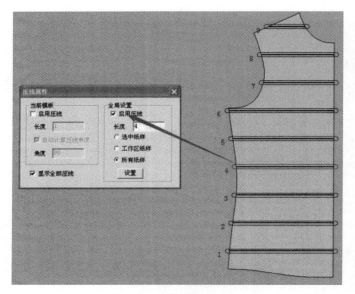
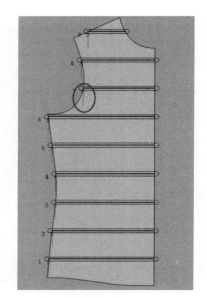

(a) 设置前　　　　　　　　　　　　　　(b) 设置后

图2-203　压线工具设置

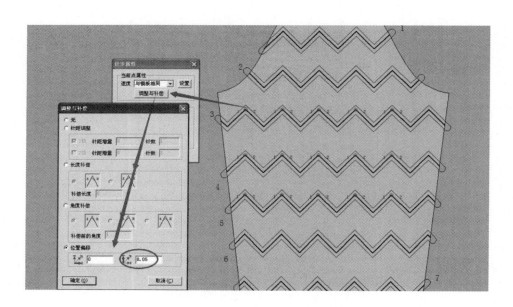

图2-204　针步属性设置

只需设置一次即可），如图2-205所示。

　　②按F10键，显示红色虚线矩形框为切割区域范围。

　　③把需要绘制/切割的模板手工移动进入切割范围（若纸样出界，纸样上有红色的圆形警示），如图2-206所示。

　　④单击该图标，弹出【绘图】对话框，如图2-207所示。

　　⑤选择需要的绘图比例及绘图方式，在不需要绘图的尺码上单击，使其没有颜色填充。

图2-205　绘图设置

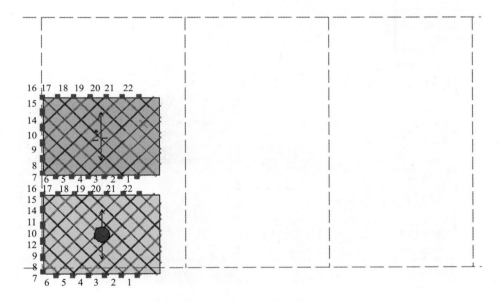

图2-206　排列切割模板图

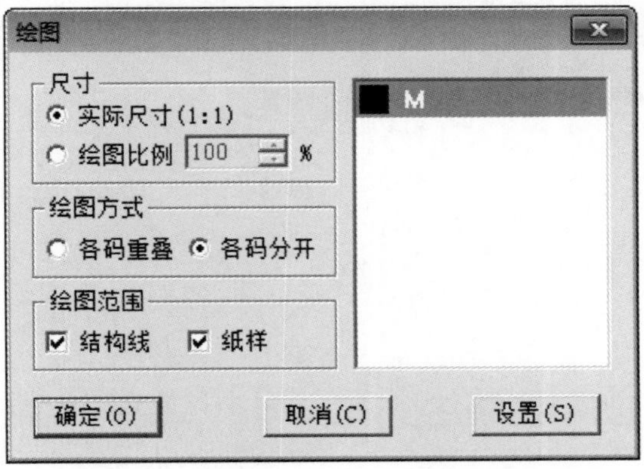

图2-207　【绘图】对话框

⑥单击【确定】即可绘图。

（3）提示。

①在切割中心设置连切割机的端口。

②要更改纸样内外线输出线型、布纹线、剪口等的设置，则需在菜单【选项】→【系统设置】→【打印绘图】设置，如图2-208所示。

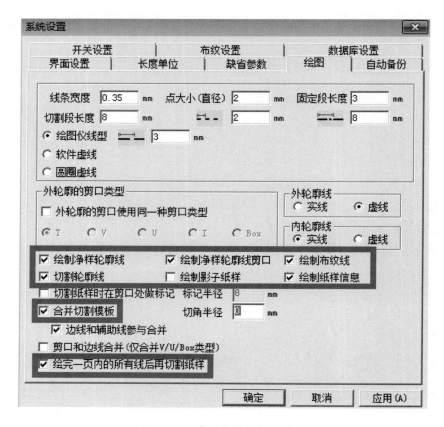

图2-208 【系统设置】对话框

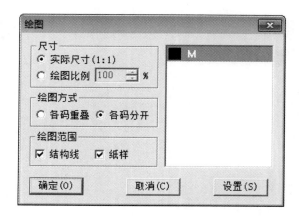

图2-209 【绘图】对话框

（4）【绘图】对话框参数说明（图2-209）。

①实际尺寸：指将纸样按1∶1的实际尺寸绘制。

②绘图比例：点选该项后，其后的文本框显亮，在其中可以输入绘制纸样与实际尺寸的百分比。

③各码重叠：指输出的结果是各码重叠显示。

④各码分开：指各码独立输出的方式。对话框右边的号型选择框，是用来选择输出号型，显蓝的码是输出号型，若不想输出的号

型，单击该号型名使其变白即可，该框的默认值为全选。

⑤设置：指对绘图仪的一些参数的设置。

（5）【绘图仪】：选项卡参数说明（图2-210）。

①当前绘图仪：用于选择绘图仪的型号，单击旁边的小三角会弹出下拉列表，选择当前使用的绘图仪名称。

②纸张大小：用于选择纸张类型，单击旁边的小三角会弹出下拉列表，选择纸张类型，也可以选择自定义。

③纵向/横向：用于选择绘图的方向。

图2-210　【绘图仪】对话框

7. 输出自动缝制文件

（1）功能：把带有缝制模板槽或只有缝制线/切割线/笔画线的纸样输出成缝制文件，与自动缝纫机接驳。文件支持格式为DSR。

（2）操作。

①把带有模板的纸样文件打开。

②单击菜单【文档】→【输出自动缝制文件】，弹出【输出自动缝制文件】对话框，如图2-211所示。

③选择需要输出的纸样、码数、文件目录等，单击确定即可输出*.DSR格式的文件。

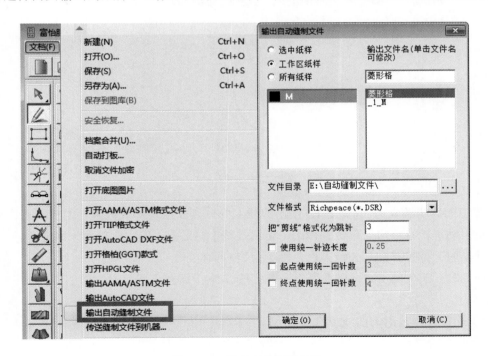

图2-211　输出自动缝制文件

五、隐藏工作栏

1. 平行调整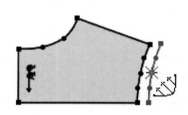

（1）功能：平行调整一段线或多段线。

（2）操作。

①单击一个点或拖选多个点，移动到空白处单击，弹出【平行调整】对话框，输入调整量，确定即可，如图2-212所示。

②拖动时，如果移动到关键点上，则不弹出对话框，如图2-213所示。

③拖动时，按住Shift键可在水平、垂直、45°方向上调整。

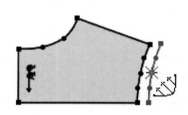

图2-212　平行调整　　　　　　图2-213　平行调整至关键点

2. 比例调整

（1）功能：按比例调整一段线或多段线。

（2）操作。

①按住Shift键，光标在 与 间切换，如图2-214所示。

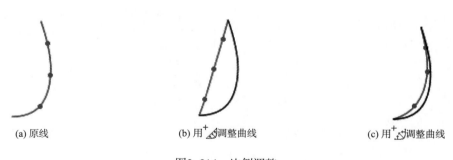

(a) 原线　　　　　　(b) 用 调整曲线　　　　　　(c) 用 调整曲线

图2-214　比例调整

②选中工具切换成适当的光标，单击曲线上的一点并拖动（或拖选一组控制点，单击一个关键点拖动），在空白处单击，弹出【比例调整】对话框，输入调整量，确定即可。

③拖动时，如果移动到关键点上，则不弹出对话框。

④拖动时，按住Shift键可在水平、垂直、45°方向上调整。

3. 线

（1）功能：画自由的曲线或直线。

（2）操作。

①画直线：用鼠标左键单击两点，单击右键，弹出【长度和角度】对话框，输入长度和

角度即可。

②两点间连线：用鼠标左键在两点上分别单击后，击右键即可。

③画曲线：用鼠标左键最少确定三个点后单击右键。

4．连角

（1）功能：用于将线段延长至相交并删除交点外非选中部分，如图2-215所示。

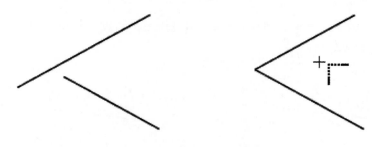

图2-215　连角

（2）操作。

①选中该工具，用左键分别单击两条线。

②移动光标线的颜色有变化，变了颜色的线为保留的线。

③单击鼠标左键或右键即可。

5．水平垂直线

（1）功能：在关键的两点（包括两线交点或线的端点）上连一条直角线，如图2-216所示。

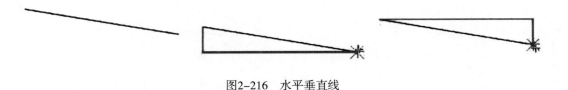

图2-216　水平垂直线

（2）操作：用该工具先单击一点，击右键来切换水平垂直线的位置，再单击另一点。

6．等距线

（1）功能：用于画一条线的等距线。

（2）操作。

①用该工具在一条线上单击，拖动光标再单击，弹出【平行线】对话框。

②输入数值，单击【确定】即可。

7．相交等距线

（1）功能：用于画与两边相交的等距线，可同时画多条。

（2）操作。

①用该工具单击要做的等距线，使该线变色。

②再分别单击与第一步选中线相交的两边。

③拖动鼠标至适当的位置单击，弹出【平行线】对话框。

④输入数值，单击【确定】即可。

8. 靠边 ⊢⊣

（1）功能：有单向靠边与双向靠边两种情况。单向靠边指同时将多条线靠在一条目标线上；双向靠边指同时将多条线的两端同时靠在两条目标线上。

（2）操作。

①单向靠边：用该工具单击或框选线a、b、c后单击右键，再单击线d，移动光标在适当的位置击右键，如图2-217所示。

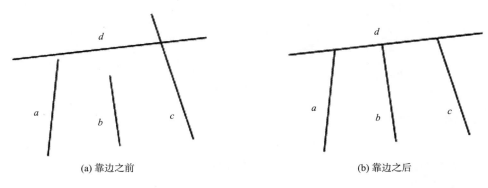

(a) 靠边之前   (b) 靠边之后

图2-217　单向靠边

②双向靠边：用该工具单击或框选线a、b、c后单击右键，再单击线d、e即可，如图2-218所示。

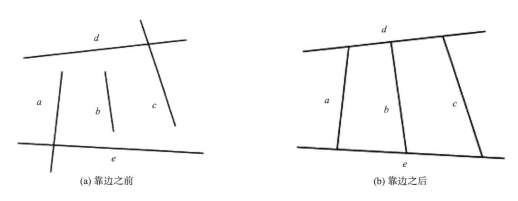

(a) 靠边之前   (b) 靠边之后

图2-218　双向靠边

9. 放大 🔍（空格）

（1）功能：用于放大或全屏显示工作区的对象。

（2）操作。

①放大：用该工具单击要放大区域的外缘，拖动鼠标形成一个矩形框，把要放大的部分框在矩形内，再单击即可放大。

②全屏显示：在工作区击右键。

③技巧：在使用任何工具时，按下空格键（不弹起）可以转换成放大工具，此时向前滚动鼠标滑轮为以光标所在位置为中心放大显示，向后滚动鼠标滑轮为以光标所在位置为中心缩小显示。

10. 移动纸样 🖑（空格键）

（1）功能：将纸样从一个位置移至另一个位置，或将两个纸样按照一点对应重合。

（2）操作。

①移动纸样：用该工具在纸样上单击，拖动鼠标至适当的位置，再单击即可。

②将两个纸样按照一点对应重合：用该工具单击纸样上的一点，拖动鼠标到另一个纸样的点上，当该点处于选中状态时再次单击即可。

（3）技巧。

①在选中任意工具时，把光标放在纸样上，按一下空格键，即可变成移动纸样光标，拖动到适当的位置后再次单击即可。

②用选择纸样控制点工具🔲选中多个纸样，按一下空格键，即可变成移动纸样光标，拖动到适当的位置后再次单击即可。

11. 三角板 📐

（1）功能：用于作任意直线的垂线或平行线（延长线）。

（2）操作。

①用该工具分别单击线的两端。

②再点击另外一点，拖动鼠标，作选中线的平行线或垂直线，如图2-219所示。

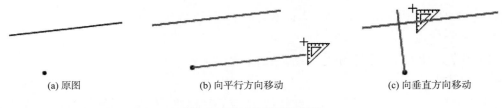

(a) 原图　　　　　　　　　(b) 向平行方向移动　　　　　　(c) 向垂直方向移动

图2-219　三角板工具应用

12. 对称复制纸样局部 📐

（1）功能：对称复制纸样的部分。

（2）操作：对称复制门襟，如图2-220（a）所示，用该工具单击中心线a或中心线上的两端点；再单击需要对称的线，如图2-220（b）线b，复制完成。

13. 交接/调校XY值 📐

（1）功能：既可以让辅助线基码沿线靠边，又可以让辅助线端点在X方向（或Y方向）的放码量保持不变，而在Y方向（或X方向）上靠边放码。

（2）操作：如图2-221所示，把图上的两条辅助线只在X方向上靠边，并保持Y方向的放码量不变。

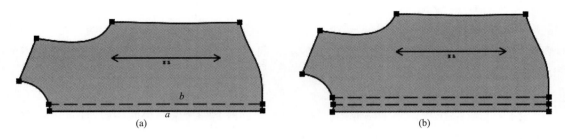

图2-220　对称复制纸样局部

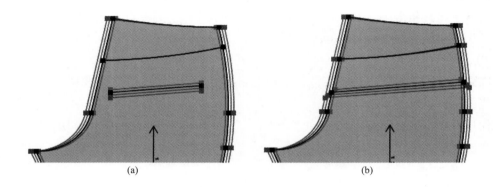

图2-221　交接/调校XY值

①选中交接/调校XY值工具，用Shift键切换 光标。

②点选或框选需要靠边的辅助线后击右键。

③再在要靠到的纸样边线上单击即可。

注：按Shift键，可在X靠边 与Y靠边 之间切换。

14. **平行移动**

（1）功能：沿线平行调整纸样（图2-222）。

（2）操作。

①用该工具分别点选或框选（框选时线两端点必须框住）需要平行调整的线，击右键。

②拖动光标后单击左键，弹出【平行移动距离】对话框，如图2-223所示。

③输入合适的数值（正为加长，负为减短），点击【确定】即可。

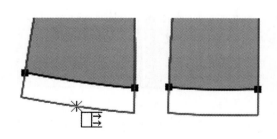

图2-222　平行调整纸样

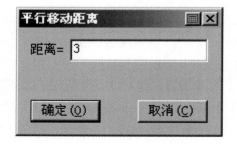

图2-223　【平行移动距离】对话框

15. 不平行调整

（1）功能：在纸样上增加一条不平行线或者不平行调整边线或辅助线（图2-224）。

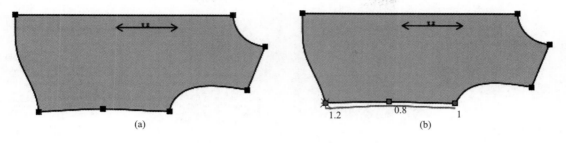

图2-224　不平行调整纸样

（2）操作。

①用该工具先单击或框选侧缝线，再单击纸样上的关键点，弹出【不平行增加/替换】对话框，如图2-225所示。

②选择增加或替换，并在对话框中输入调整值，最后单击应用，结果胸围加大1cm，腰围增大0.8cm，下摆增大1.2cm。输入正数纸样加大，输入负数纸样减小。

图2-225　【不平行增加/替换】对话框

16. 圆弧切角

（1）功能：作已知圆弧半径并同时与两条不平行的线相切的弧。

（2）操作。

①点选或框选两条线，弹出【圆弧切角】对话框，如图2-226、图2-227所示。

②输入合适的数值，确定即可。

图2-226　圆弧切角

17. 对应线长/调校XY值

（1）功能：用多个放好码的线段之和来对单个点放码，如用前后幅放好的腰线来放腰头。

（2）操作。

①选中该工具，用Shift键可以在X方向放码与Y方向放码间切换。

②分别点选或框选需要放码的线段，星点为需要放码的点，单击右键，如图2-228（a）所示。

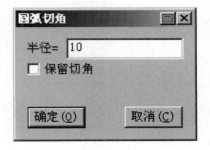

图2-227　【圆弧切角】对话框

③分别点选或框选参考的线段，如图2-228（b）所示。

④图2-228（c）为最后的效果。

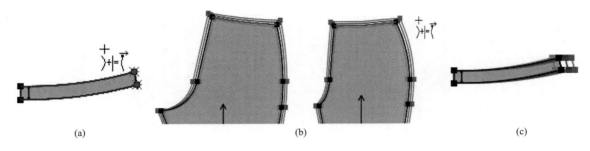

图2-228　对应线长/调校XY值

18. **整体放大/缩小纸样** 📷

（1）功能：把整个纸样平行放大或缩小。

（2）操作。

①用该工具单击或框选纸样单击右键，拖动鼠标再单击弹出【放缩量】对话框，如图2-229所示。

②输入恰当的数值，确定即可。

19. **比例尺** 1:10

（1）功能：将结构线或纸样按比例放大或缩小到指定尺寸。

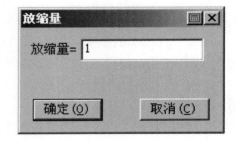

图2-229　【放缩量】对话框

（2）操作。

①在结构线上操作。

A．用该工具选择结构线上的一条线或两个点，弹出【比例尺】对话框，如图2-230所示。

B．在新长度中输入新的长度数值或比例中输入合适的比例值，确定即可。

②在纸样上操作。

A．用该工具选择纸样上的一段边线或者辅助线，或选择两个控制点，弹出【比例尺】对话框，如图2-231所示。

图2-230　结构线比例尺对话框

图2-231　【比例尺】对话框

B．在新长度中输入新的长度数值或比例中输入合适的比例值，选择操作的对象，点击【确定】即可。

（3）【比例尺】对话框参数说明。

①当前操作的纸样：表示只对选择的曲线或者控制点所在的纸样进行比例放缩。

②工作区纸样：对在工作区的所有纸样进行比例放缩。

③所有纸样：对该款式中所有纸样进行比例放缩。

注：对结构线比例缩放时不影响纸样的尺寸，同样，对纸样比例缩放时也不影响结构线的尺寸。

20．添加、修改图片

（1）功能：在纸样上添加图片，并能连同纸样绘制出来。

（2）添加图片操作。

①选中该工具，把光标移在点A上击回车，在弹出的【移动量】对话框中，输入图片的偏移量，点击【确定】（图2-232）。

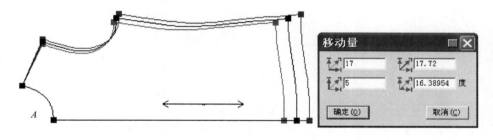

图2-232 【移动量】对话框

②拖动再单击，弹出【图片】对话框，打开图片，如图2-233所示。

③用选择纸样控制点工具，可选中图片边角控制点，用点放码表放码，只放其中一个点即可，如图2-234所示。或点击【图片】对话框右下角，也可对图片放码。

（3）【图片】对话框参数说明。

①浏览：为打开图片的路径。

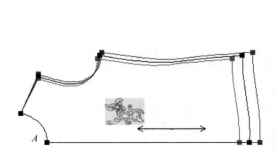
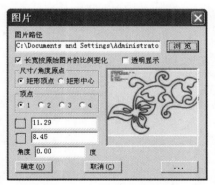

图2-233 【图片】对话框

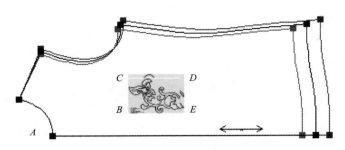

图2-234　图片放码

②长宽按原始图片比例变化：勾选此项，图片以原始图的比例变化。

③透明显示：勾选此项，图片以透明显示。

④尺寸/角度原点。

A．矩形顶点：图片的旋转固定位置为矩形顶点。

B．矩形中心：按显示的矩形中心为旋转固定位置。

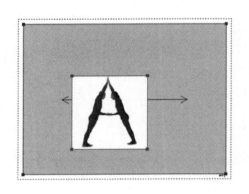

图2-235　选择图片

⑤顶点：旋转图片的4个顶点可以自由选择。

⑥角度：指旋转的度数。

（4）修改图片操作。

①用该工具或调整工具在图片上单击右键，弹出【图片】对话框，可更换图片，修改图片长宽、角度等信息。

②在图片上单击左键选中图片，可选择图片，如图2-235所示。

③根据鼠标不同的位置出现不同光标对图片进行不同的操作，见表2-4。

表2-4　不同的位置、不同光标图片修改细节

光标	操作
	当鼠标移动到红色矩形框内，鼠标变为左图形状，单击移动鼠标到适当位置之后，再单击左键即可
	当鼠标放在矩形框左右边框线上，鼠标变成左图中形状，单击拖动鼠标到适当位置后，再单击左键即可
	当鼠标放在矩形框左右边框线上，鼠标变成左图中形状，单击拖动鼠标到适当位置后，再单击左键即可

续表

光标	操作
	当鼠标放在矩形框的四个顶点上，鼠标变成左图中形状，单击移动鼠标，图片以选中顶点的对角为固定点旋转，旋转到适当角度再单击左键即可
	当鼠标放在矩形框的四个顶点上，同时按下Ctrl键，鼠标变成左图中形状，单击移动鼠标，到适当角度再单击左键即可

④图片修改完之后，在空白处单击左键，取消图片的选中。

21. **平行设计**▢

（1）功能：用于在纸样或结构图上作平行线。

（2）操作。

①用左键单击线a、线b、线c后再击右键，弹出【平行设计】对话框，如图2-236、图2-237所示。

②在对话框中输入平行线间的间距，点击【确定】即可（图2-238）。

图2-236　选择线

22. **角平分线**

（1）功能：对角进行等分。在结构线和纸样都能进行，操作相同。

（2）操作。

①框选或者点选两条相交的线。

②在快捷工具栏中"等分框"输入份数，拖动光标单击，弹出【角平分线】对话框，如图2-239所示。

③输入角平分线长度，选择合适的选项，单击【确定】即可。

（3）【角平分线】对话框说明。

①表格输入值：表示角平分线的长度按照表格中输入的数据处理。

②与选择的第一根线等长：在点选时第一次选择的线段长度，框选选择两条线中任意线段长度作为角平分线长度。

③与角度两端点相交：角平分线的终点会落在线段两端点的连线上。

④与所选择的线相交：角平分线的终点在选择的线段上（只有在点击左键选中线段时才能使用）。

⑤画第0条角平分线：如果有多条角平分线时，可以只画出某一条。

图2-237 【平行设计】对话框

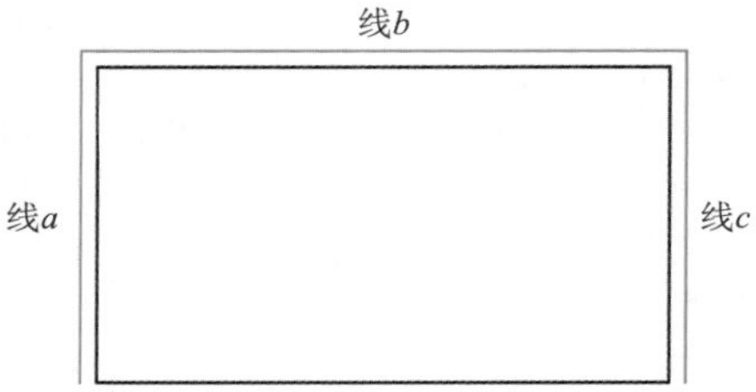

图2-238 平行设计效果图

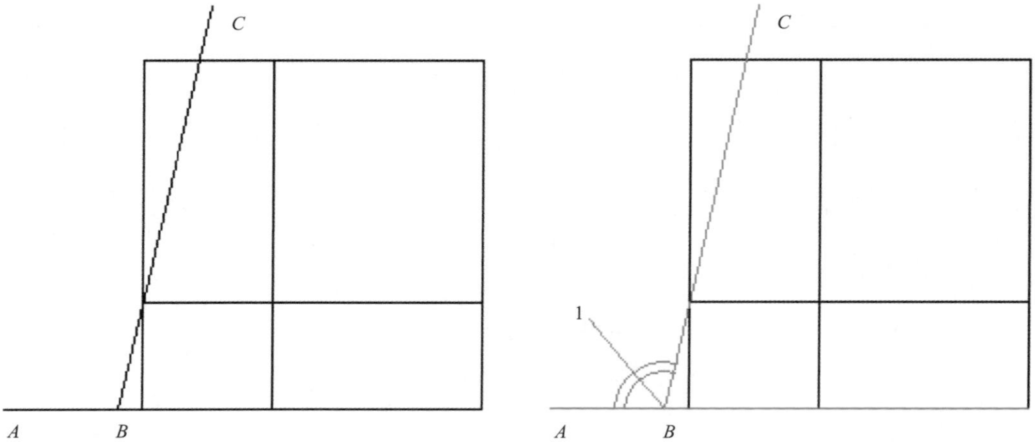

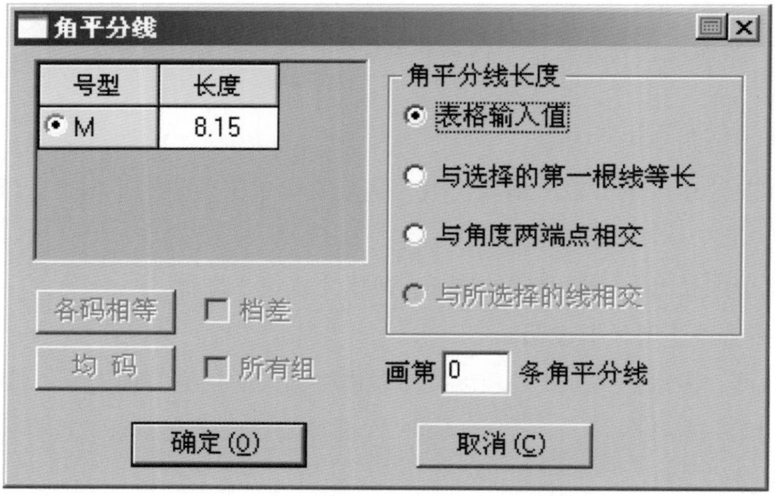

图2-239 【角平分线】对话框

第三章 模板CAD应用实例讲解

本章节将以服装行业、汽车行业、家纺行业为基础，以简单实例讲解服装行业、家纺行业、汽车行业花型文件在软件中的实际操作，通过案例应用与实践熟练掌握软件操作。

第一节 服装类模板制作

一、羽绒服和棉服类绗缝线模板制作流程

（1）打开模板软件，点击文档，打开羽绒服纸样档案。点击右边纸样窗，双击纸样窗的纸样使纸样进入工作区。如图3-1所示，为打开文件后的效果，成分包括净边、毛边、菱形绗线。

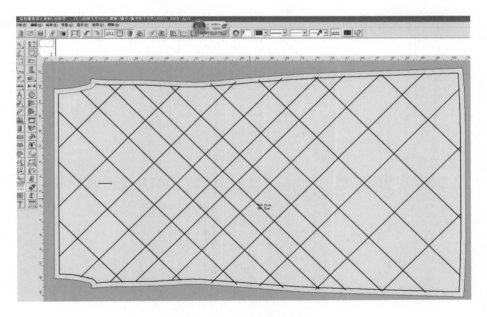

图3-1 羽绒服纸样档案图

（2）因打开后的绗线据边有长有短，要用智能笔工具拉出平行线，对线进行加长，智能笔在净边上按住鼠标左键，弹出对话框，输入平行线尺寸0.8cm（图3-2）；再用智能笔工具框住要加长的线，拉到刚加好的0.8cm平行线上，右击结束（图3-3）；删除净边和拉出的0.8cm边线，只留毛样线（图3-4）。

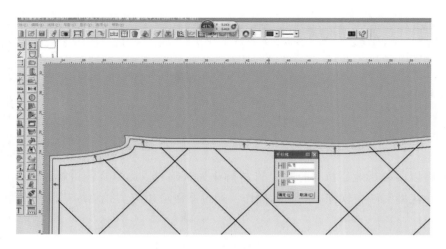

图3-2　智能笔调整线长度

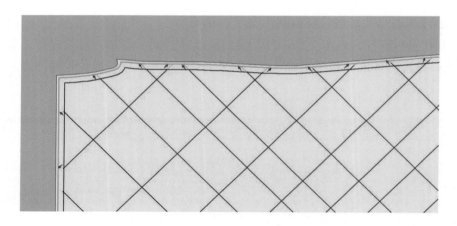

图3-3　调整线长度至平行线

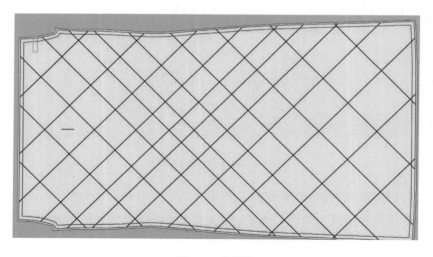

图3-4　毛样线

（3）用缝制模板工具框选要开槽的线，输入开槽宽度、有回针和指定针迹步长（图3-5）；开槽后再用缝制模板工具按键盘1开始点击每一个数字，单头机数字在下（图3-6）；图3-7是修改后的效果。

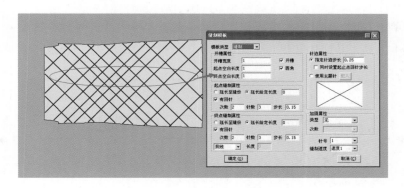

图3-5　模板工具开槽

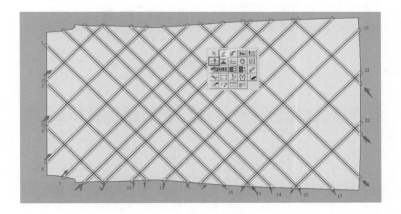

图3-6　输入缝制顺序

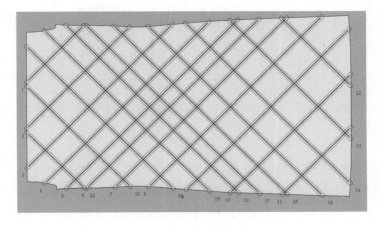

图3-7　调整缝制顺序

（4）用缝制模板工具在空白处框选，放开鼠标，弹出【创建规则模板】对话框，输入模板尺寸，如图3-8所示为单头全自动模板缝纫机尺寸；用小手工具将创建好的模板移动至样片上（图3-9）；用缝制模板工具在规则模板空白区域单击右键，即可完成模板和样片的合并，合并后再用小手工具将其样片拿开（图3-10）。

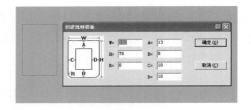

图3-8 【创建规则模板】对话框

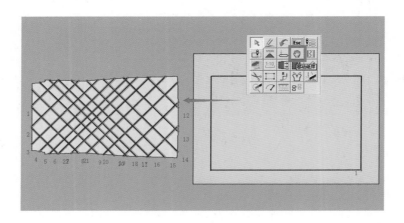

图3-9 移动纸样到规则模板

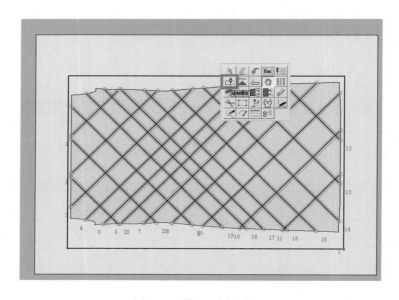

图3-10 模板和样片合并

（5）用智能笔工具在模板的右下角画一根直线坐标，再用缝制模板工具在直线位置进行定位，选择CR圆弧工具，按Shift键切换整圆，点击定位处，拉出圆，弹出对话框，输入模板定位圆的尺寸（图3-11）；点击设计线的颜色类型工具▨选择浅刀，对画好的圆进行切割设置（体现在切出PVC板后），如图3-12、图3-13所示。

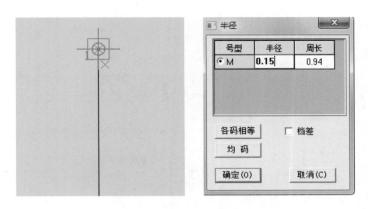

图3-11 确定模板定位圆

图3-12 选择浅刀

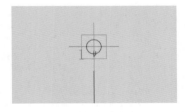

图3-13 模板定位圆切割设置

（6）输出模板切割文件。

①点击菜单【选项】→【系统设置】→【绘图】→【合并切割模板】→【切割半径】选择10mm→【确定】，如图3-14所示。此设置适用菱形格模板和开槽交叉型模板。主要可把模板重叠部位合并，节约切割时间。

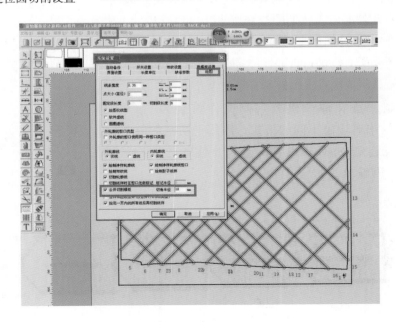

图3-14 设置模板切割半径

②点击菜单【绘图】→【设置】→勾选【输出到文件】→【保存文件名称（PLT切割格式）】，如图3-15所示。

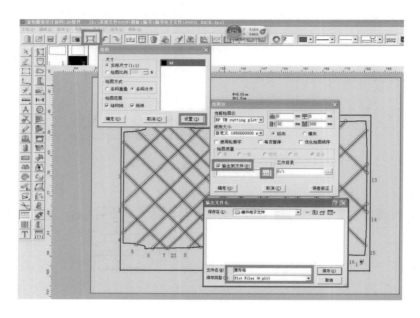

图3-15　输出切割文件

二、服装套号模板制作

从其他软件中导入DXF格式进行编辑制作。

（1）点击菜单【文档】→【打开AAMA/ASTM 格式文件】或者【AutoCAD DXF文件】，如图3-16所示。

（2）打开文件后一般呈现的方式属于各码分开的形式（图3-17），要将所有码进行重叠才能进行模板的切割，使用按号型合并纸样工具，依次点击，把所有号型合并（图3-18）。

（3）缝制线迹文件和模板切割文件重叠为一个文件（图3-19），输出时输出不同的格式，即用于切割的PLT文件和用于缝制的线迹文件dsr（图3-20）。注：线迹文件在输出时会自动按号型分开输出。

图3-16　打开DXF文件

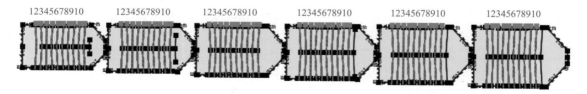

图3-17　各码分开排列图

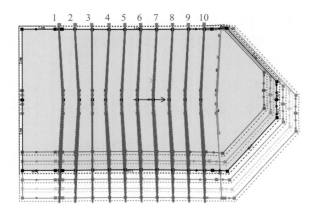

图3-18　纸样合并

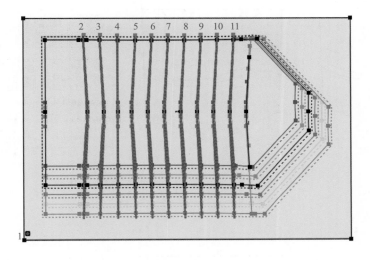

图3-19　模板切割文件

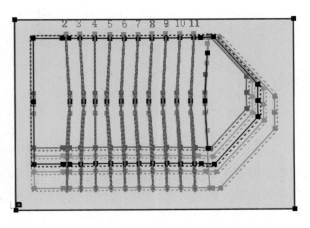

图3-20　【输出自动缝制文件】对话框

三、牛仔裤贴袋模板文件制作

（1）运用模板软件中的智能笔工具 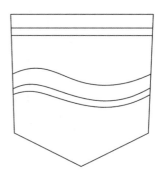，绘制贴袋的结构线（图3-21）。

（2）运用纸样工具栏中的剪刀工具 拾取纸样（图3-22）；再用加缝份工具 把袋口上边的缝份加到2.5cm（图3-23）。

（3）运用缝制模板工具 ，把贴带上的四条线分别开槽做线迹文件。如图3-24所示，每条线开槽之后左端都会出现数字，数字代表的是它的缝制顺序，1是模板的定位点，从2开始是缝合线。

图3-21　贴袋结构图

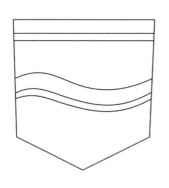
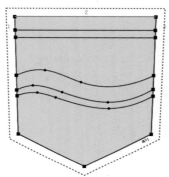
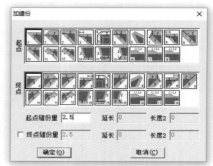

图3-22　贴袋生成纸样

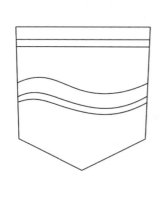
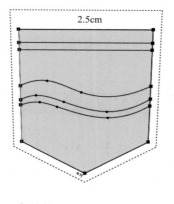
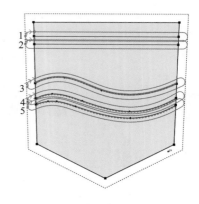

图3-23　加缝份　　　　　　　　　　　　　　　图3-24　贴袋纸样

①运用缝制模板工具左键框选第1、第2条线，单击鼠标右键结束，出现【缝制模板】对话框，进行开槽设置，特别需要提醒的是针迹步长和开槽宽度（图3-25）。

②运用主题库工具 做主题针，但是做主题针之前，要先用智能笔工具画出主题针的每个单元。需要注意的是：必须中间起针，也必须中间落针，才能连续循环下去。在

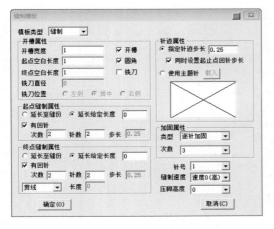

图3-25 【缝制模板】对话框

这里设置的第一个主题针的长是0.35cm、宽是0.12cm，画出一个单元格之后选用主题库工具，左键单击线与线相交的点，第一个点为左下角，第二个点为右上角，第三个点为左上角，最后点一下右下角，并且右键结束，出现【主题库】对话框，取个文件名，鼠标左键点击确定，如图3-26所示。运用缝制模板工具，左键单击要开槽的第三条线，如图3-27所示，出现【缝制模板】对话框，针迹属性选择"使用主题针"并且载入。

图3-26 【主题库】对话框

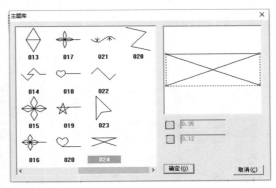

图3-27 应用主题针（1）

③运用上一步骤中所描述的方法做主题针，用在第四条线上，如图3-28所示。

（4）把鼠标放到开槽之后的贴袋上按下空格键，此时贴袋颜色为粉色，说明已被选中，Ctrl+C复制，Ctrl+V粘贴，纸样被复制，如图3-29所示。

（5）运用缝制模板工具，创建规则模板，宽度为65.9cm（机器外框的宽度），长度根据衣片长度而定，但是前提是保证机器不限位。把两个衣片摆放到模板上，用缝制模板工具在

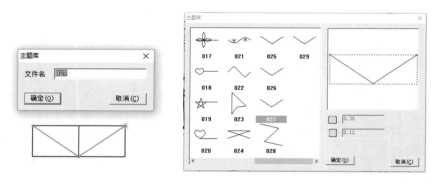

图3-28　应用主题针（2）

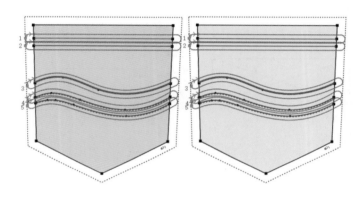

图3-29　复制纸样

模板的空白处单击右键，此时模板和衣片合二为一，用小手工具 🖐 把模板拿走后会留下两个衣片，如图3-30所示。

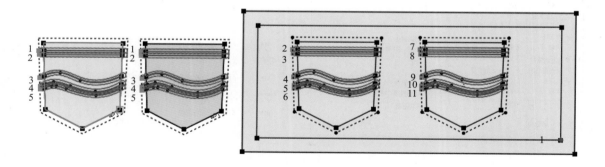

图3-30　贴袋装饰线模板

（6）兜盖明线模板已经做好，最后设置定位点。

①运用智能笔工具画一个长1cm的直线，在直线的中点向上画0.5cm，再在非点的线上按Shift+右键，出现调整曲线长度的对话框，在新长度一栏处填1cm，再选择 🗹，Shift键是切换圆弧与圆的，切换在圆的状态下，以十字焦点处为中心画半径为0.15cm的圆，用设置线的颜

色类型工具 （左键线的颜色、右键线的类型）把十字和圆都设置成切透，这样设置切割机才会切割，如图3-31所示。

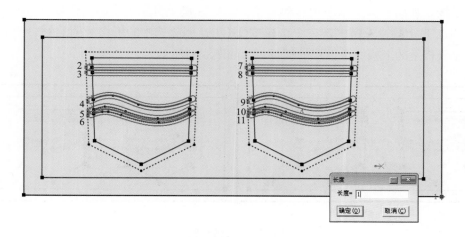

图3-31　模板定位点设置

②选择缝制模板工具 ，按两下Shift键来切换开槽光标 、暂停位光标 、对位点光标 。切换到对位点的时候在十字交点处左键点一下，模板定位点设置完成，如图3-32所示。

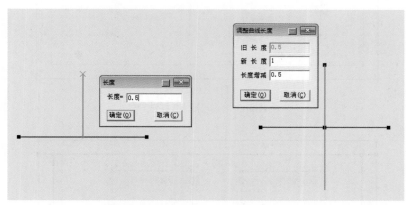

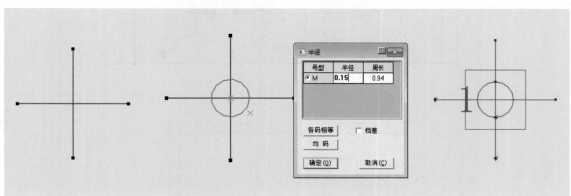

图3-32　模板定位点设置详细步骤

（7）将模板复制出另外一个，运用智能笔工具快捷方式，左键框选一条线，线变为红色，左键单击相交的两边，右键单击结束，如图3-33所示。选择分割纸样工具🖥️，左键点要分割的三条线，如图3-34所示，用移动纸样工具🖱️左键点分割下来的纸样到空白处，再用选择纸样控制点工具🖼️，左键框选三个纸样按Ctrl+D，删除选中的纸样（图3-35、图3-36），剩下的就是模板上的上板（最上层的模板），如图3-37所示。

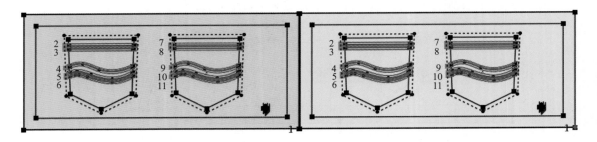

图3-33　复制模板

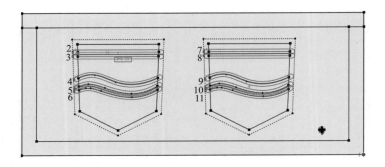

图3-34　作分割纸样线

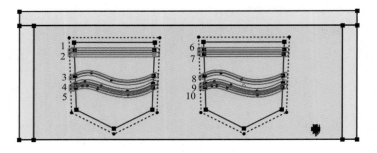

图3-35　分割纸样

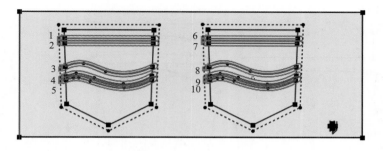

图3-36　删除纸样

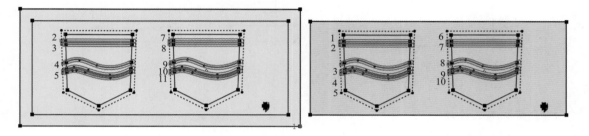

图3-37　模板上下分层

四、服装零部件组合类多功能模板制作

1. 衬衫纸样设计

以男衬衫组合模板为例，开模板之前的准备，绘制衬衣结构图（图3-38），生成样板图（图3-39）。

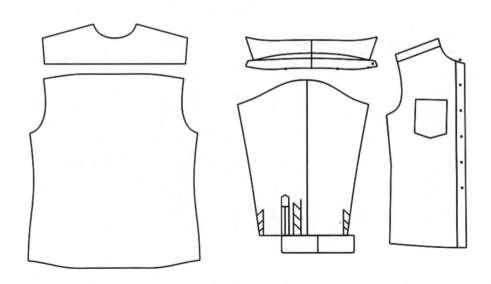

图3-38　衬衣结构图

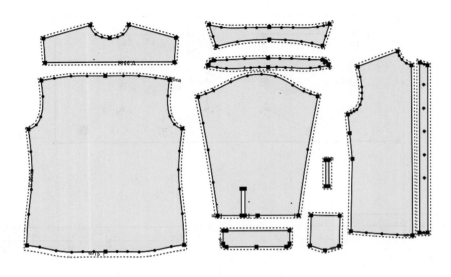

图3-39　衬衣样板图

2. 模板工艺设计

（1）袖克夫模板设计。

①运用模板软件中的智能笔工具 ，绘制出袖克夫结构图（图3-40）。

②运用纸样工具栏中的剪刀工具 拾取纸样，再选择加缝份工具 ，把袖克夫的缝份设为1cm（图3-41、图3-42）。

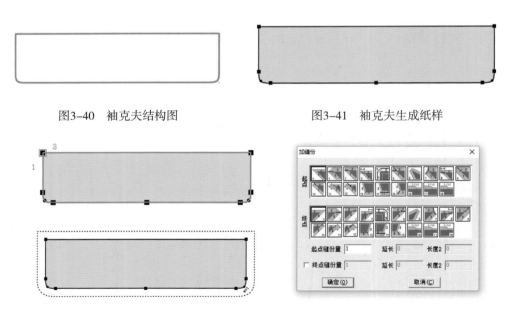

图3-40　袖克夫结构图　　　　　　　　图3-41　袖克夫生成纸样

图3-42　加缝份

③运用缝制模板工具 ，把袖克夫上的缝制线分别开槽做线迹文件，每条线开槽之后左端都会显示一个数字，数字代表的是它的缝制顺序，1代表的是第一条要缝合的线，以此类推（图3-43）。

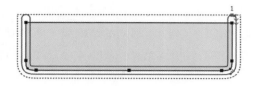

图3-43　袖克夫模板

④运用缝制模板工具用左键从右往左点选，选择的开槽线是袖克夫的缝制线，如图3-44所示；出现【缝制模板】对话框，进行开槽设置，特别需要提醒的是针迹步长和开槽宽度（图3-45、图3-46）。

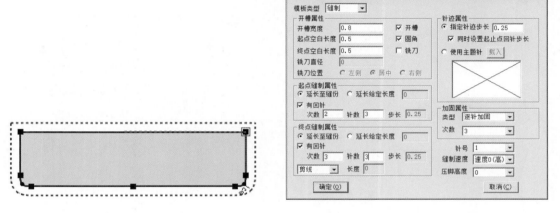

图3-44　袖克夫开槽（1）　　　　　　　　图3-45　【缝制模板】对话框

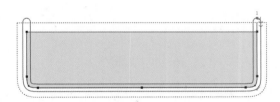

图3-46　袖克夫开槽（2）

⑤把鼠标放到开槽之后的袖克夫上按空格键，此时袖克夫的颜色为粉红色，说明已被选中，Ctrl+C键复制，Ctrl+V键粘贴，纸样被复制（图3-47）。

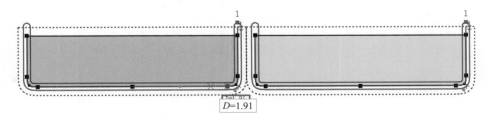

图3-47　袖克夫模板分层

（2）翻领模板设计。

①运用模板软件中的智能笔工具，绘制翻领的结构线（图3-48）。

②运用纸样工具栏中的剪刀工具拾取纸样（图3-49），再用加缝份工具把翻领周边的缝份加到1cm（图3-50）。

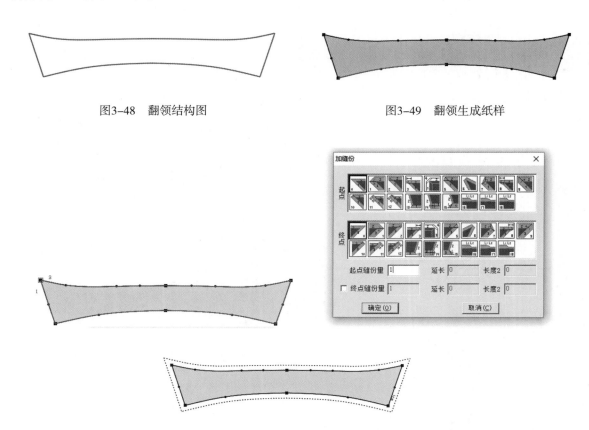

图3-48　翻领结构图　　　　　　　　　　　　图3-49　翻领生成纸样

图3-50　加缝份

③运用缝制模板工具，把翻领上的缝制线分别开槽做线迹文件，每条线开槽之后左端都会显示一个数字，数字代表的是它的缝制顺序，1代表的是第一条要缝合的线，以此类推（图3-51）。

④运用缝制模板工具，用左键从左向右点选，选择的开槽线是翻领的缝制线，出现【缝制模板】对话框，进行开槽设置，特别需要提醒的是针迹步长和开槽宽度（图3-52～图3-54）。

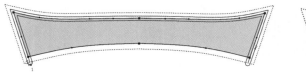

图3-51　翻领模板

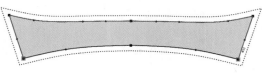

图3-52　翻领开槽（1）

图3-53　【缝制模板】对话框

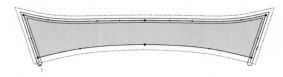

图3-54　翻领开槽（2）

（3）后育克拼缝模板设计。

①运用模板软件中的智能笔工具，绘制后片的结构线（图3-55）。

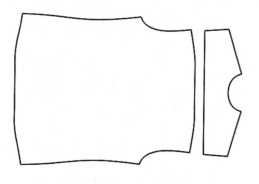

图3-55　后片结构图

②运用纸样工具栏中的剪刀工具拾取纸样（图3-56）；再选择加缝份工具，把后片的缝份设为1cm（图3-57）。

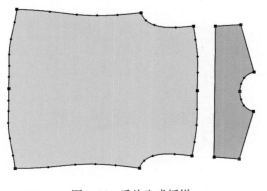

图3-56　后片生成纸样

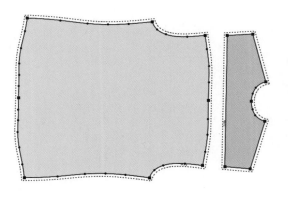

图3-57　加缝份

③运用合并纸样工具，把后片上下两裁片进行合并（图3-58）。

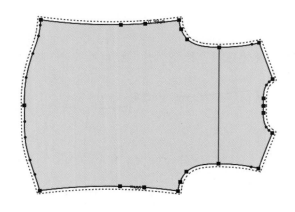

图3-58　上下裁片合并

④运用缝制模板工具，在上下片缝制线开槽，做线迹文件（图3-59）。

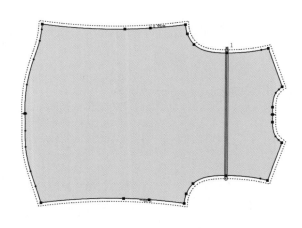

图3-59　后育克模板

⑤运用缝制模板工具，左键选择后育克线（图3-60），出现【缝制模板】对话框，进行

开槽设置，特别需要提醒的是针迹步长和开槽宽度（图3-61）。

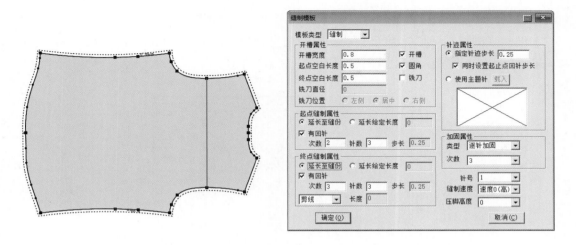

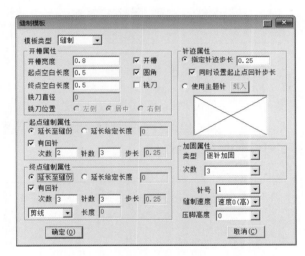

图3-60 后育克开槽

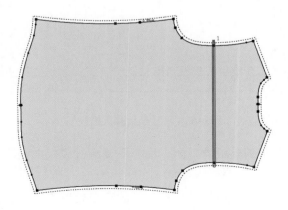

图3-61 后育克开槽完成图

（4）部件模板组合设计。为了节省材料成本和制作效率，一般把部件模板放在一块模板上一起进行设计。在这一实例中，可将最大的一块模板即后育克模板与袖克夫和上级领一起组合起来，充分利用模板空间。

①创建规则模板。以富怡全自动模板缝纫机型号900mm×600mm机器为例，模板框为96.4cm×71cm，用缝制模板工具创建模板框，如图3-62所示。

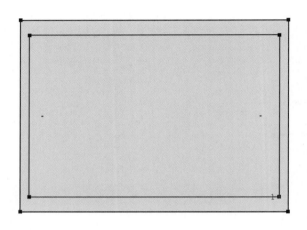

图3-62　创建规则模板

②根据布局设计需要，在不限位的情况下，可任意摆放开槽衣片，主要原则是以大片为主、小片插空，片和片可以摞在一起，但绝对不能摞槽，且要有一定的间隔。

③先把后片模板移到模板框内（图3-63）。

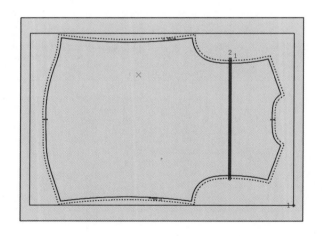

图3-63　后片模板移入模板框

④再把部件模板一一移到模板外框内，注意不要超过模板内框线，槽不能重叠，便于机器缝制（图3-64）。

⑤摆放好之后，选择缝制模板工具，在模板的空白处单击右键，使所有衣片都挂到模板框上，模板上的辅助点一一凸显出来。

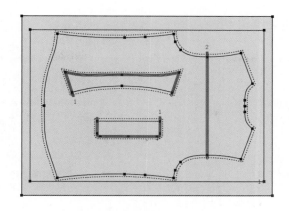

图3-64　部件模板移入模板框

　　⑥用小手工具把模板拿走，原来的衣片就留在原来的位置，把模板上的布纹线信息用橡皮擦工具删掉（图3-65）。

　　⑦设计针位起始点，在模板框内离框一定距离定一点，用画圆工具画出两个半径分别为0.15cm和1.25cm的同心圆，小圆是底层的圆，大圆是上层的圆（图3-66）。

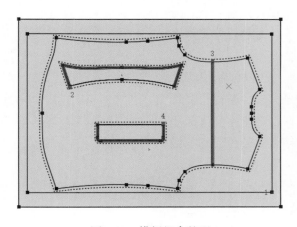

图3-65　模板组合整理

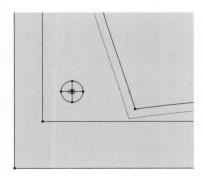

图3-66　组合模板针位起始点

　　⑧运用复制粘贴功能，复制出相同的模板（图3-67）。

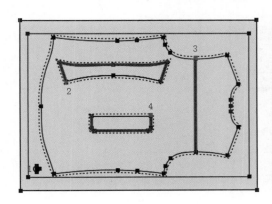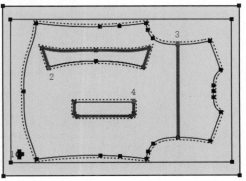

图3-67　组合模板分层

⑨删除多余线条（图3-68）。

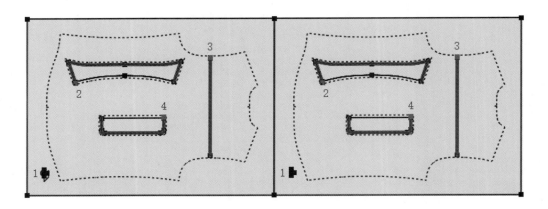

图3-68　组合模板整理

⑩在快捷工具栏 里找到左数第二个设置线的类型，用鼠标左键点击倒三角，有画、切透、半切透，根据需要选择第二个切透，如图3-69所示。选择线迹工具，分别点选两个圆，两个圆上立刻加了一把刀，意思是要把两个圆切透。

⑪做好组合部件模板后设置定位点。选择缝制模板工具，双击鼠标左键用Shift键来切换开槽光标 、暂停位光标 、对位点光标 。切换到对位点的时候，在十字交叉处用左键点一下，模板定位点设置完成。切换至暂停位光标、设置暂停位置。

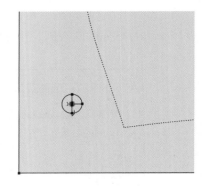

图3-69　设置线属性

⑫调整缝制顺序。首先把开槽顺序号调整到左侧，自动缝制顺序按照从左到右、从上到下缝制的线迹比较美观，如图3-70所示。

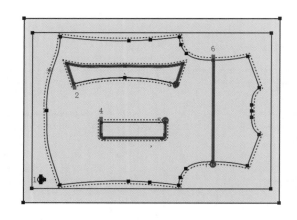

图3-70　调整缝制顺序

⑬生成线迹缝制文件，选中模板，单击文档出现下拉菜单，单击输出自动缝制文件，如图3-71所示。

⑭单击输出自动缝制文件后出现【输出自动缝制文件】对话框，此时对线迹文件的属性和输出进行设置，单击确定，完成缝制文件的生成，如图3-72所示。

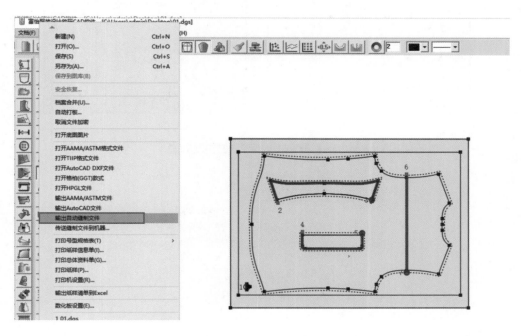

图3-71 生成缝制文件

 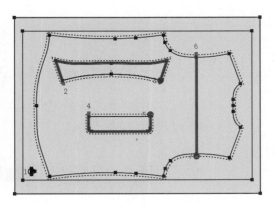

图3-72 【输出自动缝制文件】对话框

⑮生成切割文件，单击快捷图标绘图工具，出现【绘图】对话框（图3-73）。单击设置，选择输出保存的磁盘和格式，一般选择PLT格式，如图3-74所示。

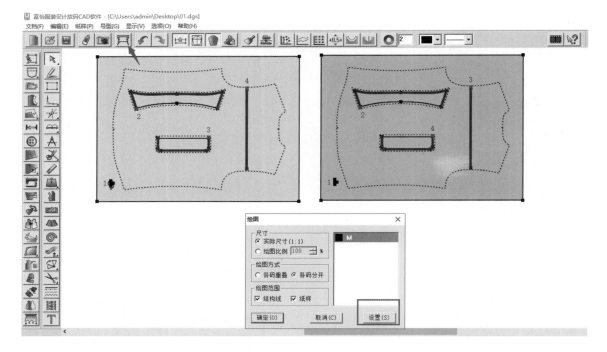

图3-73　生成切割文件

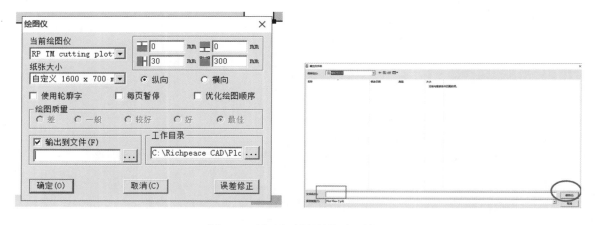

图3-74　设置切割文件格式和输出

第二节　汽车坐垫缝制文件制作

一、创建纸样

（1）使用智能笔工具，左键单击拖动鼠标拉出【矩形】对话框，输入需要缝制皮革面积的大小，点击确定按钮结束，如图3-75所示。

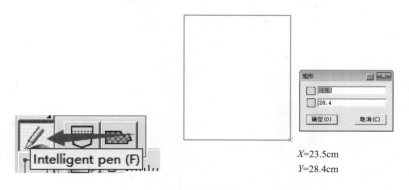

X=23.5cm

Y=28.4cm

图3-75　绘制基本框架

（2）使用智能笔工具绘制设计线，可以用鼠标右键更改功能（绘制直线或曲线）。先绘制一条直线，按住鼠标左键拖动线，然后弹出【平行线】对话框，输入行号和数量，点击【确定】，如图3-76所示。

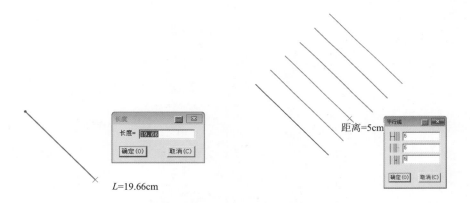

图3-76　绘制第一组平行线

（3）绘制菱行格，需要两组线条，如图3-77所示。

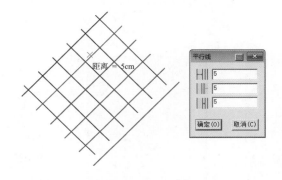

图3-77　绘制第二组平行线

（4）使用移动工具将设计线移动到矩形中。首先按住鼠标左键选择设计线，变为红色，鼠标向上，右键单击空白处，使用左键选择一个点将线条移动到矩形处，然后左键单击，如图3-78所示。

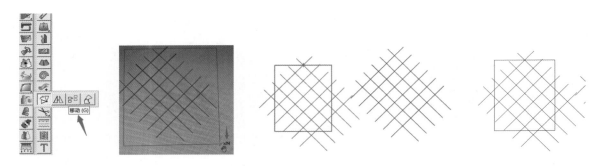

图3-78　移动设计线

（5）用智能笔工具调整设计线。使用左键来框选具有相同节点线的线，左键单击A和B，以相同的方式调整其他设计线，如图3-79所示。

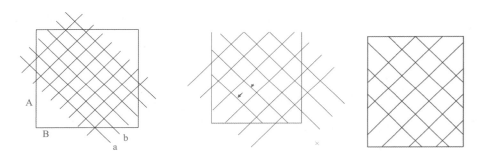

图3-79　调整线形

（6）使用剪刀工具创建一个带有设计线形的纸样。使用左键单击选择矩形的四边，然后右键单击空白处，此时剪刀工具改成了一个特殊的笔，用左键在矩形中选择设计，然后在空白处单击右键，可看到设计线变为绿色，最后使用移动模式工具移动纸样，如图3-80、图3-81所示。

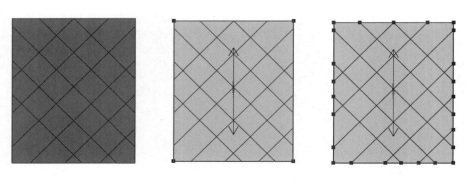

图3-80　生成纸样

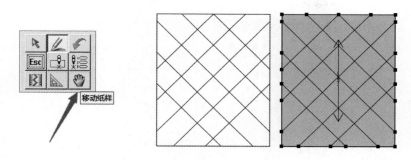

图3-81　移动纸样

（7）移动纸样工具操作说明选项→系统设置。右键单击空白处，可以在右侧快捷栏中找到移动纸样工具（图3-82）；用相同的方法将缝制模板工具以及其他工具添加到右键快捷栏（图3-83）。

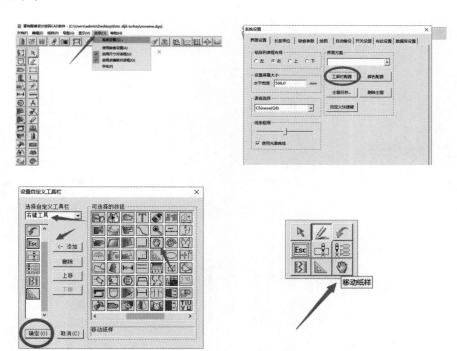

图3-82　添加移动纸样工具

二、制作模板

使用缝制模板工具制作模板，如图3-84所示。

（1）选择缝制模板工具，使用左键选择图案中的设计线，然后右键单击空白处，如图3-85所示，根据要求填写，点击【确定】。

图3-83　右键快捷工具栏　图3-84　缝制模板工具

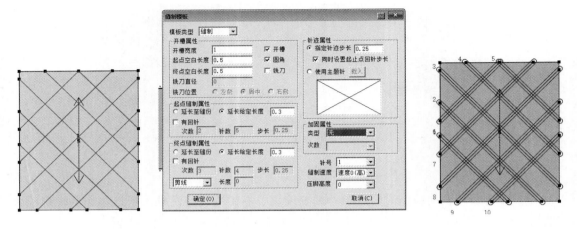

图3-85　生成缝制线迹

（2）使用自动排列缝制顺序工具调整缝制顺序，如图3-86所示。

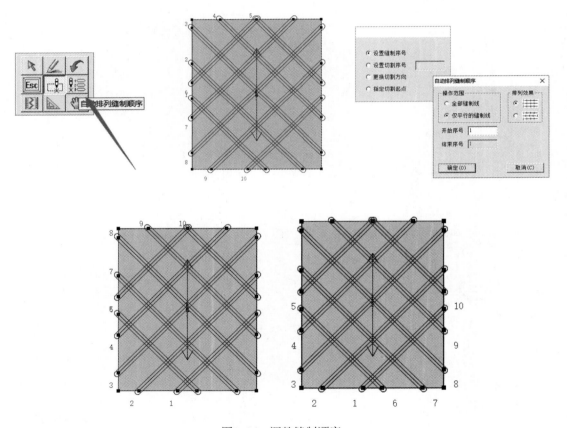

图3-86　调整缝制顺序

（3）选择缝制模板工具，用左键拖动，鼠标向上，弹出【创建规则模板】对话框，填入适合机器的模板数据，点击【确定】，如图3-87所示。

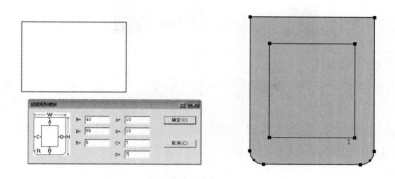

图3-87　【创建规则模板】对话框

（4）使用移动纸样工具将纸样移动到规则模板中，使用缝制模板工具，右键单击常规模板空白处，然后将它们合并为一个，如图3-88所示。

（5）使用橡皮擦工具删除原点，以创建一个新的点（图3-89）。使用点工具在常规模板的左角或右角添加一个点，只需左键单击即可（图3-90）。

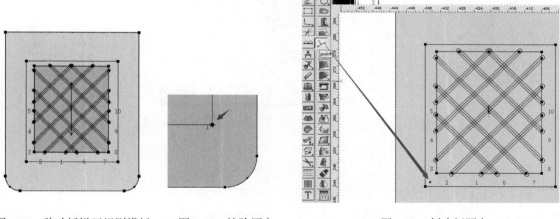

图3-88　移动纸样至规则模板　　　　图3-89　擦除原点　　　　　　图3-90　创建新原点

（6）使用CR 圆弧工具绘制一个圆（可用Shift键来改变工具、功能，绘制半圆或圆）。左键单击之前添加的点，然后移动一小段距离，再次左键单击，填写0.15，单位是cm，点击【确定】，如图3-91所示。

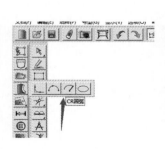
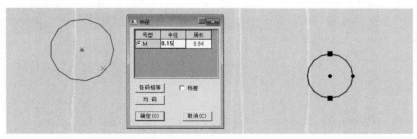

图3-91　绘制圆

（7）使用缝制模板工具，用Shift键更改功能以创建原点，然后左键单击之前添加的点。

三、导出自动缝制文件

（1）使用移动模式工具，选择需要导出自动缝制文件的模板，使其变为粉红色，如图3-92所示。

（2）单击【文档】，选择【输出自动缝制文件】，如图3-93所示，可以在之前保存的文件夹中找到*.DSR文件。

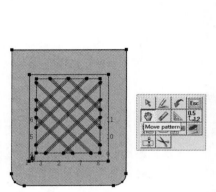

图3-92　选择模板　　　　　　　　　图3-93　保存自动缝制文件

四、导出PLT文件

导出PLT文件（用于模板剪切）。删除不需要输出的其他模式并保存为另一个文件，如图3-94所示。纸张大小要大于模板，最后选择一个文件夹来保存此PLT文件。然后，可以在之前选择的路径中找到PLT文件。

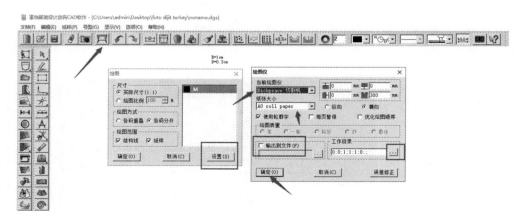

图3-94　输出PLT文件

五、输出激光切割文件

输出激光切割文件（以富怡激光切割机为例）。

（1）首先打开Auto Laser软件，然后打开之前保存的PLT文件，如图3-95所示。

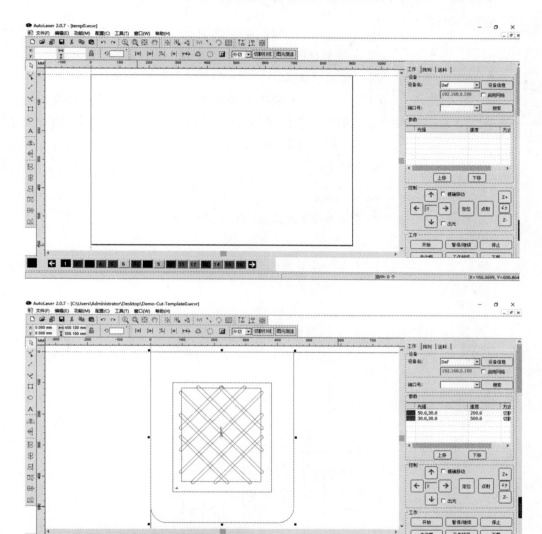

图3-95　在Auto Laser软件中打开PLT文件

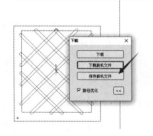

图3-96　保存.out文件

（2）如果光照强度正常，只需单击下载即可保存此out文件，如图3-96所示。然后，可以在之前选择的路径中找到out文件。

第三节　羽绒被与棉被缝制文件制作

图3-97　绘制基本框

（1）使用智能笔工具，左键单击拖动鼠标弹出【矩形】对话框，输入需要缝制棉被面积大小，点击【确定】结束（图3-97）。

（2）使用等分规工具，将横向、纵向线条分成几等份，在软件界面右上角输入对应线条等份数。使用智能笔工具连接等分点所有线条，如图3-98所示。

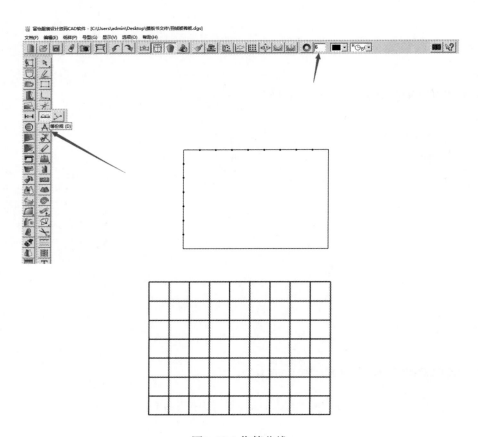

图3-98　作等分线

（3）使用剪刀工具剪切纸样（剪刀工具变成一个特殊的笔），用左键在矩形中选择设计，然后在空白处单击右键，设计线变为绿色，最后使用移动模式工具移动纸样，如图3-99所示。

（4）使用移动纸样工具或者点击空格键，然后拖动鼠标移动纸样；使用缝制模板工具做缝制线迹，如图3-100所示。

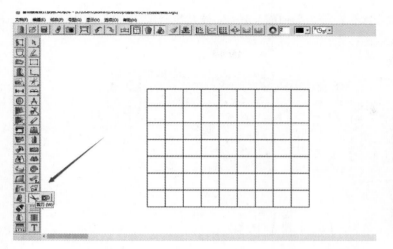
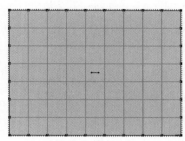

图3-99　生成纸样

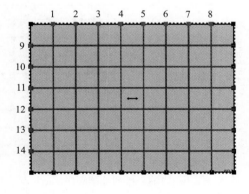

图3-100　作缝制线迹

注意：羽绒被的针步一般都比较小，为0.2～0.23cm。棉被针步一般为0.25～0.3cm。

（5）创建缝制模板，如图3-101所示。

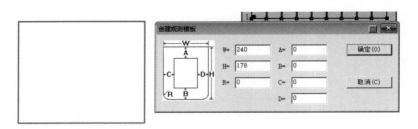

图3-101　创建缝制模板

（6）使用移动纸样工具将纸样移动到规则模板，使用缝制模板工具，右键单击常规模板空白处，然后将它们合并为一个，如图3-102所示。

（7）调整模板缝制顺序，添加起始定位点，如图3-103所示。

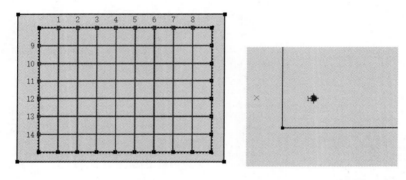

图3-102　合并模板　　　　　　图3-103　起始定位点

（8）使用自动排列缝制顺序工具调整缝制顺序，如图3-104所示。文档菜单下→输出自动缝制文件。

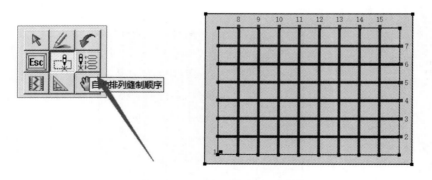

图3-104　排列缝制顺序

参考文献

［1］郭瑞良，金宁，张辉. 服装CAD［M］. 上海：上海交通大学出版社，2012.

［2］陈桂林. 服装模板技术［M］. 北京：中国纺织出版社，2014.

计算机键盘快捷键、鼠标滑轮对应功能

按键	功能
A	调整工具
B	相交等距线
C	圆规
D	等分规
E	橡皮擦
F	智能笔
G	移动
J	对接
K	对称
L	角度线
M	对称调整
N	合并调整
P	点
Q	等距线
R	比较长度
S	矩形
T	靠边
V	连角
W	剪刀
Z	各码对齐
F2	切换影子与纸样边线
F3	显示/隐藏两放码点间的长度
F4	显示所有号型/仅显示基码
F5	切换缝份线与纸样边线
F7	显示/隐藏缝份线
F9	匹配整段线/分段线
F10	显示/隐藏绘图纸张宽度
F11	匹配一个码/所有码
F12	工作区所有纸样放回纸样窗
Ctrl+F7	显示/隐藏缝份量
Ctrl+F10	一页里打印时显示页边框
Ctrl+F11	1：1显示

按键	功能
Ctrl+F12	纸样窗所有纸样放入工作区
Ctrl+N	新建
Ctrl+O	打开
Ctrl+S	保存
Ctrl+A	另存为
Ctrl+C	复制纸样
Ctrl+V	粘贴纸样
Ctrl+D	删除纸样
Ctrl+G	清除纸样放码量
Ctrl+E	号型编辑
Ctrl+F	显示/隐藏放码点
Ctrl+K	显示/隐藏非放码点
Ctrl+J	颜色填充/不填充纸样
Ctrl+H	调整时显示/隐藏弦高线
Ctrl+R	重新生成布纹线
Ctrl+B	旋转
Ctrl+U	显示临时辅助线与掩藏的辅助线
Shift+C	剪断线
Shift+U	隐藏临时辅助线、部分辅助线
Shift+S	线调整
Ctrl+Shift+Alt+G	删除全部基准线
ESC	取消当前操作
Shift	画线时，按住Shift键在曲线与折线间转换/转换结构线上的直线点与曲线点
回车键	文字编辑的换行操作/更改当前选中的点的属性/弹出光标所在关键点移动对话框
X键	与各码对齐结合使用，放码量在X方向上对齐
Y键	与各码对齐结合使用，放码量在Y方向上对齐
U键	按下U键的同时，单击工作区的纸样可放回到纸样列表框中
Z键	各码对齐操作
鼠标滑轮	在选中任何工具的情况下： 向前滚动鼠标滑轮，工作区的纸样或结构线向下移动 向后滚动鼠标滑轮，工作区的纸样或结构线向上移动 单击鼠标滑轮为全屏显示
按下Shift键	向前滚动鼠标滑轮，工作区的纸样或结构线向右移动 向后滚动鼠标滑轮，工作区的纸样或结构线向左移动

按键	功能
键盘方向键	按上方向键，工作区的纸样或结构线向下移动 按下方向键，工作区的纸样或结构线向上移动 按左方向键，工作区的纸样或结构线向右移动 按右方向键，工作区的纸样或结构线向左移动
小键盘+/−	小键盘 + 键，每按一次此键，工作区的纸样或结构线放大显示一定的比例 小键盘 − 键，每按一次此键，工作区的纸样或结构线缩小显示一定的比例
空格键功能	在选中任何工具情况下，把光标放在纸样上，按一下空格键，即可变成移动纸样光标 　用选择纸样控制点工具 ，框选多个纸样，按一下空格键，选中纸样可一起移动 　在使用任何工具情况下，按下空格键（不弹起）光标转换成放大工具，此时向前滚动鼠标滑轮，工作区内容就以光标所在位置为中心放大显示，向后滚动鼠标滑轮，工作区内容就以光标所在位置为中心缩小显示，击右键为全屏显示
对话框不弹出的数据输入方法	输一组数据：敲数字→回车 输两组数据：敲第一组数字→回车→敲第二组数字→回车
表格对话框右击菜单	在表格对话框中的表格上击右键可弹出菜单，选择菜单中的数据可提高输入效率

附录2

相关专业术语解释

按键	功能
单击左键	是指按下鼠标的左键并且在还没有移动鼠标的情况下放开左键
单击右键	是指按下鼠标的右键并且在还没有移动鼠标的情况下放开右键；表示某一命令的操作结束
双击右键	是指在同一位置快速按下鼠标右键两次
左键拖拉	是指把鼠标移到点、线图元上后，按下鼠标的左键并且保持按下状态移动鼠标
右键拖拉	是指把鼠标移到点、线图元上后，按下鼠标的右键并且保持按下状态移动鼠标
左键框选	是指在没有把鼠标移到点、线图元上前，按下鼠标的左键并且保持按下状态移动鼠标。如果距离线比较近，为了避免变成左键拖拉，可以通过在按下鼠标左键前先按下Ctrl键
右键框选	是指在没有把鼠标移到点、线图元上前，按下鼠标的右键并且保持按下状态移动鼠标。如果距离线比较近，为了避免变成右键拖拉，可以通过在按下鼠标右键前先按下Ctrl键
点（按）	表示鼠标指针指向一个想要选择的对象，然后快速按下并释放鼠标左键
单击	没有特意说用右键时，都是指左键
框选	没有特意说用右键时，都是指左键
F1～F12	指键盘上方的12个按键
Ctrl+Z	指先按住Ctrl键不松开，再按Z键
Ctrl+F12	指先按住Ctrl键不松开，再按F12键
Esc键	指键盘左上角的Esc键
Delete键	指键盘上的Delete键
箭头键	指键盘右下方的四个方向键（↑、↓、←、→）